从湿地之中

认识不一样的贵阳

家门口的湿地

阿哈湖湿地探索手册

贵阳阿哈湖国家湿地公园管理处 主编

中国林业出版社
CFPH China Forestry Publishing House

图书在版编目（CIP）数据

家门口的湿地：阿哈湖湿地探索手册 / 贵阳阿哈湖国家湿地公园管理处主编. -- 北京：中国林业出版社，2020.7

ISBN 978-7-5219-0700-1

Ⅰ. ①家… Ⅱ. ①贵… Ⅲ. ①沼泽化地－国家公园－贵阳－手册 Ⅳ. ①P942.731.78-62

中国版本图书馆CIP数据核字(2020)第130266号

顾问：吴德刚、刘昌权、高小文、敖俊

主编：孔志红、王原

副主编：曾磊、成国强

编委：袁菁、陈凯伦、刘懿、苏以江、谭文涛、罗静、张海波、谈红英

科学支持：周科、赵玉玲

插画设计：林悦、何楚欣

视觉装帧：成国强

策划编辑　肖静
责任编辑　许玮　肖静
出版发行　中国林业出版社（北京市西城区德内大街刘海胡同7号　100009）
电　　话　010-83143577
印　　刷　河北京平诚乾印刷有限公司
版　　次　2020年8月第1版
印　　次　2020年8月第1次印刷
开　　本　787mm × 1092mm　1/16
印　　张　7.75
字　　数　100千字
定　　价　45.00元

序一

“池塘边的榕树上，知了在声声叫着夏天”，每当唱起这首《童年》歌谣，池塘、水边、榕树、知了的画面在脑海中油然而生。夏夜星空，端坐门前，听小溪的潺潺水声和蛙鸣悠扬，看萤火虫飞舞，这就是乡愁。乡愁画面总是伴随有池塘、小溪，这就是家门口的湿地。家门口的湿地，是溪流卵石滩上的一缕缕苔痕；家门口的湿地，是清清池塘中的一圈圈涟漪；家门口的湿地，是春天沟渠中的一声声蛙鸣；家门口的湿地，是夏夜稻田上空萤火虫的亮光点点。家门口的湿地不仅仅勾起我们浓浓的乡愁，家门口的湿地更是家园精神的象征，与我们的生活、劳作密切相关。

位于贵阳城市区域内的阿哈湖国家湿地公园，就是贵阳市民家门口的湿地。阿哈湖地处贵州高原的喀斯特地貌区域，是一个融库塘湿地、河流湿地和喀斯特溶洞湿地于一体的城市湿地公园。阿哈湖的“阿哈”在布依族语中意为幸福，也有人说“阿哈是一杯忘情水”，湿地忘情水，生态忘情水。作为高原喀斯特湿地明珠，阿哈湖给世人展示出了婀娜多姿的湿地形态，发挥着重要的生态服务功能。在贵阳市家门口这片神奇的喀斯特湿地，因为人的存在，人与湿地的协同共生，使得这片城市喀斯特湿地更富生命力。家门口的阿哈湖与我们只有一步之遥，你可以亲近，可以阅读，可以细细品味，这就是《家门口的湿地——阿哈湖湿地探索手册》要告诉我们的东西。

作者以“自然讲述者”的身份，用通俗易懂的文字讲述着阿哈湖这片家门口湿地的故事。第一章“珍‘贵’之水”讲述了喀斯特湿地的形成过程和阿哈湖湿地公园的诞生历程，让我们知道了喀斯特地貌区域水的“珍贵”。第二章“活泼的小车河”生动地呈现了小车河河流湿地的面貌，竹石清流，汀花含雨，西谷来溪，岸柳垂荫；水中倒木，鱼游其间，河畔枫杨，翠鸟伫立；小车河湿地的魅力，更在于那吱呀浅吟的水车及其所承载的高原农耕生态智慧。第三章“神秘的喀斯特溶洞湿地”讲述了神秘幽深的喀斯特溶洞湿地故事，呈现了喀斯特地貌区域水与可溶性岩石的时间之舞——地表水、地下水的协同作用及喀斯特溶洞的形成；黑暗的喀斯特溶洞及地下河，一样有着生命的活力，只是黑暗中的生命，自有其独特的适应性。阿哈湖人对白龙洞溶洞湿地的保护，彰显了人与自然的协同共生，也使得珍贵的溶洞湿地处在自然恢复的良好状态，珍贵的自然遗产得以完好保存。第四章“阿哈水库的神力”全景式呈现了阿哈湖的生态魅力。这是一个水源来自森林的城市水库，五条河流从南、北、西三面汇集，孕育了贵阳市百万市民饮用水源“三大水缸”之龙头水库，这是贵阳市民的生命之水。从湖面上看，阿哈湖群峰竞秀，峰丛耸立，青山环抱之间，碧绿湖水生机无限。第五章“湿地与城市相伴”讲述了贵阳市民与阿哈湖湿地的和谐共生故事；人水和谐，是山水林田湖草城生命共同体的灵魂。如何发挥阿哈湖湿地的重要生态服务功能，使其成为人民群众共享的绿意空间，人与湿地协同共生至关重要。

《家门口的湿地——阿哈湖湿地探索手册》是一本生动的宣教知识读本，凝聚着作者对阿哈湖国家湿地公园细致入微的观察和深厚的情感。大量精美的插图和生动的文字描述，图文并茂地讲述了高原喀斯特湿地与人的和谐关系，向我们发出了探秘阿哈湖湿地的呼唤，展示了最终走向人与湿地协同共生的生态文明美好境界。走进贵阳阿哈湖这片高原湿地秘境，在本书的指引下，去探秘、体验喀斯特湿地故事。希望本书的出版能够为国家湿地公园管理者、湿地宣教工作者、社会公众和青少年提供参考和指引，对爱好探究湿地奥秘、乐于生态保护实践的广大青少年发挥重要的指导作用。

袁兴中

国家湿地科学技术委员会委员
重庆大学二级教授，博士生导师
2020年5月

序二

说起贵阳的自然，你会先想到什么呢？每个人应该都会有自己的答案。可能是出门就可以见到的山——站在高楼上推开窗，走在路上拐个弯，或者迎面所见的，都可能是矗立如翠玉般的峰丛；也可能是满目苍翠的森林——贵阳早就有“林城”之称，它还是全国第一个国家森林城市，拥有超过45%的森林覆盖率，还有正在建设的1000座公园；或者你还会想到喀斯特、竹子、兰花、华南虎……能让人联想到贵阳的自然元素实在太多了！

那么会不会有人想到湿地呢？或者说，想到数量众多的河流、暗河涌动的溶洞、大大小小的湖泊库塘……这些与水有关的各种地方构成了贵阳自然的另一种面貌，这也是我们这本书希望向你讲述的对象。

作为一种以水为基本媒介的自然生态系统，贵阳的湿地注定是独特的。一方面，虽然位于长江、珠江中上游的重要集水区，但喀斯特的渗漏结构让地表难以积蓄水源，地表水贵如油，地下水滚滚流。根据《贵阳市湿地资源调查报告2015》统计显示，贵阳湿地资源总量相对有限，仅占全市面积的2.03%；另一方面，喀斯特地区丰富多样的地貌又塑造出不同类型的湿地资源：贵阳的溪谷、河流、池潭基本都是在喀斯特地貌上形成的，湖泊、水库也基本都是在喀斯特峡谷中筑坝而来。如果说，山构成了贵阳这座城市的骨架，那么湿地就像是蕴藏在这山地中珍贵的宝石！

阿哈湖国家湿地公园，就是我们这次湿地探索之旅的目的地。对于贵阳人来说，或许阿哈湖是一个家喻户晓的“老朋友”——从阿哈水库奔腾而出的水，哺育着贵阳城的千家万户；城市河流小车河，自然风光旖旎又临近市区，是休闲娱乐的好去处；而作为首个地下溶洞公园的南郊公园，更承载着二十世纪六十年代的贵阳人重要的城市公园记忆。

不过，你真地了解这片湿地吗？让我们通过阅读《家门口的湿地——阿哈湖湿地探索手册》，开启一番知识的远足：远到她的历史，大到她的地质构造，或者小到生活在这里的各种自然“居民”。我们习惯于用“美景”来抒发对阿哈湖的欣赏，但这或许仅仅体现了我们从“人”的角度对阿哈湖的需要；而对于生活在这里的生物们呢？那些小车河中的各种水生植物、喀斯特岩石上顽强生长的苔藓和蕨类、沿着河流觅食的鸟儿、在湖边林间奔跑隐藏的小兽以及在黑暗洞穴中悄然繁衍的独特生命……对这些阿哈湖的“居民”来说，湿地不是美景，而是为它们提供生长、筑巢、觅食、繁衍之地，是它们赖以生存的家园。这样想的时候，你觉得它们眼中看到的湿地，和我们眼中的湿地会一样吗？

我们希望你能从不同生物的视角去重新发现、观察湿地；当你在湿地里做自然观察时，也可以更好地了解每种生物背后的神奇本领和生存故事。也许，你会从认识湿地出发，逐步理解湿地保护的意义，最终成为一个湿地的守护者。

你准备好了吗？带上这本手册，去解锁这片湿地吧！

新生态工作室

2020年5月20日

前言

我们每个人的童年时代，总是乐于观察蚂蚁或叶片，从不抱怨雨天，且更喜欢雨后空气中的清冽味道。这一切似乎自然而然。不过，随着年龄增长，这种好奇心可能很快耗散在学业、生活和工作的压力中。人与自然的关系，真地必须承受这样的结局吗？

我们每个人也都拥有一个地方，它可能是家乡，也可能是一个长期生活、工作的地方。一个人长久地生活在这里，最终却可能完全不了解这个地方。或许你还有言之凿凿的理由：不识庐山真面目，只缘身在此山中。难道真的是这样吗？

人类对自然的诗意感受正在不知不觉中消退。数十亿年前，自然生物就开始出现在地球上，高速发展的城市化进程中，人类发动了与自然生物争夺地盘的竞赛——用混凝土浇筑土地，用高速切割机砍伐植被……不过，有时候关于自然的感知似乎并没有完全丧失。对于中国人来说，二十四节气简练易记，始终轮转在味蕾、体表感受乃至潜意识中。这些古老的自然律法还在延续。

这样说来，鲜活地理解身边的自然并探索建立一种新的联系，是时候需要一套新方法了。这正是我们新生态工作室正在努力实现的愿景。我们致力于构建公众与自然的连接，以“自然讲述者”的身份，努力帮助各类自然保护地发现自己的故事。阿哈湖国家湿地公园就是其中一个很好的范例。

阿哈湖国家湿地公园位于全球喀斯特地貌发育成熟的地域——贵阳。它是一座具有代表性的喀斯特湿地公园，分布着人工库塘湿地、河流湿地、喀斯特溶洞湿地等多种湿地类型。同时,阿哈湖湿地公园位于城市中心,便利可达,更能反映我们目前在城市化进程中的某种共性:城市发展是可以与自然和谐共存的。

为了更好地解读这样一个湿地公园,我们用《家门口的湿地——阿哈湖湿地探索手册》为您展开一段探索旅行。

在这本书中,我们希望能做到“兼容”:以一种科普阅读与艺术审美共在的表达方式,跨越多重学科知识,为你重新勾勒一种关于自然公园的观察视角。当你开始认识阿哈湖国家湿地公园的时候,你了解的可能不仅仅是一个特定区域,而是围绕着喀斯特、湿地等关键词,让你的知识网络得以膨胀和关联。

第一章首先带你认识贵州独特的地质结构,以及其在漫长的演化过程中形成的多样化湿地类型,这也是60多年来阿哈湖国家湿地公园形成的前提条件。在此,我们还希望你能思考关于贵州湿地的“珍贵性”与喀斯特地貌“漏斗状”的关系,同时领会到保护湿地的重要性。

第二章至第四章,是全书的重点,主要围绕小车河、地下溶洞、阿哈水库三处不同类型的湿地空间展开解读。从这里开始,一双“观察自然”的眼睛徐徐启动:这双眼睛符合我们一般人在自然中的观察习性——由远及近,由面到点,是一双循序渐进的眼睛。因此,在第二章中,你会先在水流地质、山地森林、蕨类植物中建立起对阿哈湖小车河的最初感受。再逐步走近岸边,俯身观察不同水生植物,近距离观察鸟类生活觅食。

同时,它也是一双更具功能性的“眼睛”。在黑暗中,它带有自如运转的红外线功能，增强我们发现湿地的乐趣。因此，在第三章的黑暗白龙洞里，这双眼睛依然能判别出洞中进化出来的穴居客，它们可能有别于在一般情况下看到的动物特征——请允许我们先卖个关子，留给你自行阅读并发现。不过，我们仍然希望你注意洞中的蝙蝠对于整个生态系统的重要性。因为近些年对于它们的误解太多，而人类对大自然的尊重和自律又太少。

我们借此也想表达一个观点：自然恰恰不是一个抽象的、“不动”的、远方的存在；生态知识不是僵硬的“死记硬背”，它与当下有关，与正在发生的事情密切相关。这也是阿哈湖国家湿地公园暂时关闭、保育这个脆弱的喀斯特溶洞湿地的原因，以便未来的孩子们还能看到晶莹雪白、100年才生长1厘米左右的钟乳石。

在第四章的阿哈水库，这双眼睛幻化成了一架无人机，带你领略这片为了保护水库安全而辟为生态保育区，因此无法进入的地方——在本书中，喀斯特峰丛中的森林植被、林鸟，在消落带中的游禽、涉禽，都能让你感到身临其境。等你了解了阿哈水库是贵阳的水源保护地时，你可能还会明白湿地不仅仅代表着自然风景，还与我们每一天的饮水息息相关。湿地，确实就在我们身边。

第五章是我们一起再次直面现实的时刻。我们会看到城市化的快速发展以及人类生产、生活给自然环境带来的种种压力。这绝不仅仅是阿哈湖国家湿地公园的问题，而是普遍性的困境。阿哈湖国家湿地公园正在水系保护、水质保护、栖息地保护方面积极行动。而对于阅读本书的青少年来说，除了喜爱、记录阿哈湖或身边的自然之外，也许还有不少力所能及的一些事情，比如，从我做起，把垃圾放在对的地方。

看完全书，相信你会爱上新生态工作室在本书中独具一格的水墨画风。本书的设计师希望用传统水墨风格来描绘这个城市的风貌——在这个雨量充沛而气候爽利的地方，总能看见山间的水汽自由氤氲，一如水墨晕染的感觉。另外，你是否对本书妙趣横生的互动游戏印象深刻？当你理解了游戏的方法，知道如何感受自然的时候，离家不远的社区公园同样能为你开启一段自然探索的旅程。如果你热衷使用那幅地图，我们会感到非常荣幸：它们原本就是为了帮你建构起一种身临其境的“空间化”感觉而设计的。未来，当你有机会前往实地游赏时，能够快速按图索骥，进一步验证最初的理解。

新生态工作室由衷希望，阿哈湖湿地这个小小的窗口，能让你获得一种贯穿历史、朝向未来的联想能力，一种把水流、地质、人类生产生活与工业生产等关系互相并置起来的理解能力，以及一种对其他物种生存产生共情的感悟能力。

翻开这本书，也许是我们每一个人重新审视人与万物的关系的开始。这也是此书想要解读和讲述阿哈湖湿地故事及其背后蕴藏的独特性、意义和价值，构建“一个人”对“一片湿地”的热爱，用更多的决心和能量保护身边的自然，恢复人类童年时代与自然对话的初心。

目录

坝中峰丛
阿哈水库库塘湿地
风雨桥

珍“贵”之水

贵州，山的天堂，
群山逶迤，怪石嶙峋，树木繁茂。

贵州，水如珍宝，
河流奔腾、湖溪涓涓，惹人珍惜。

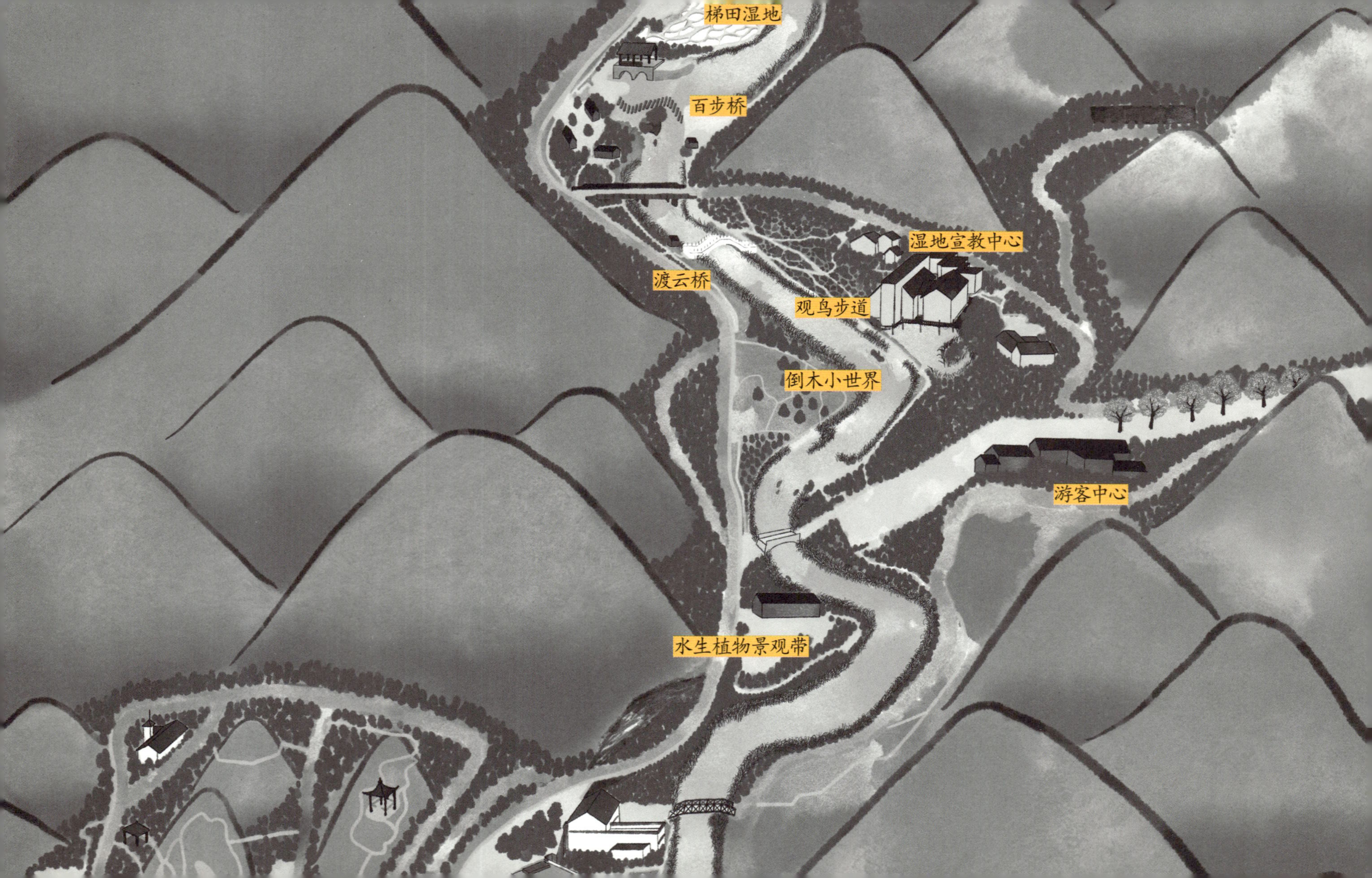

梯田湿地
百步桥
湿地宣教中心
渡云桥
观鸟步道
倒木小世界
游客中心
水生植物景观带

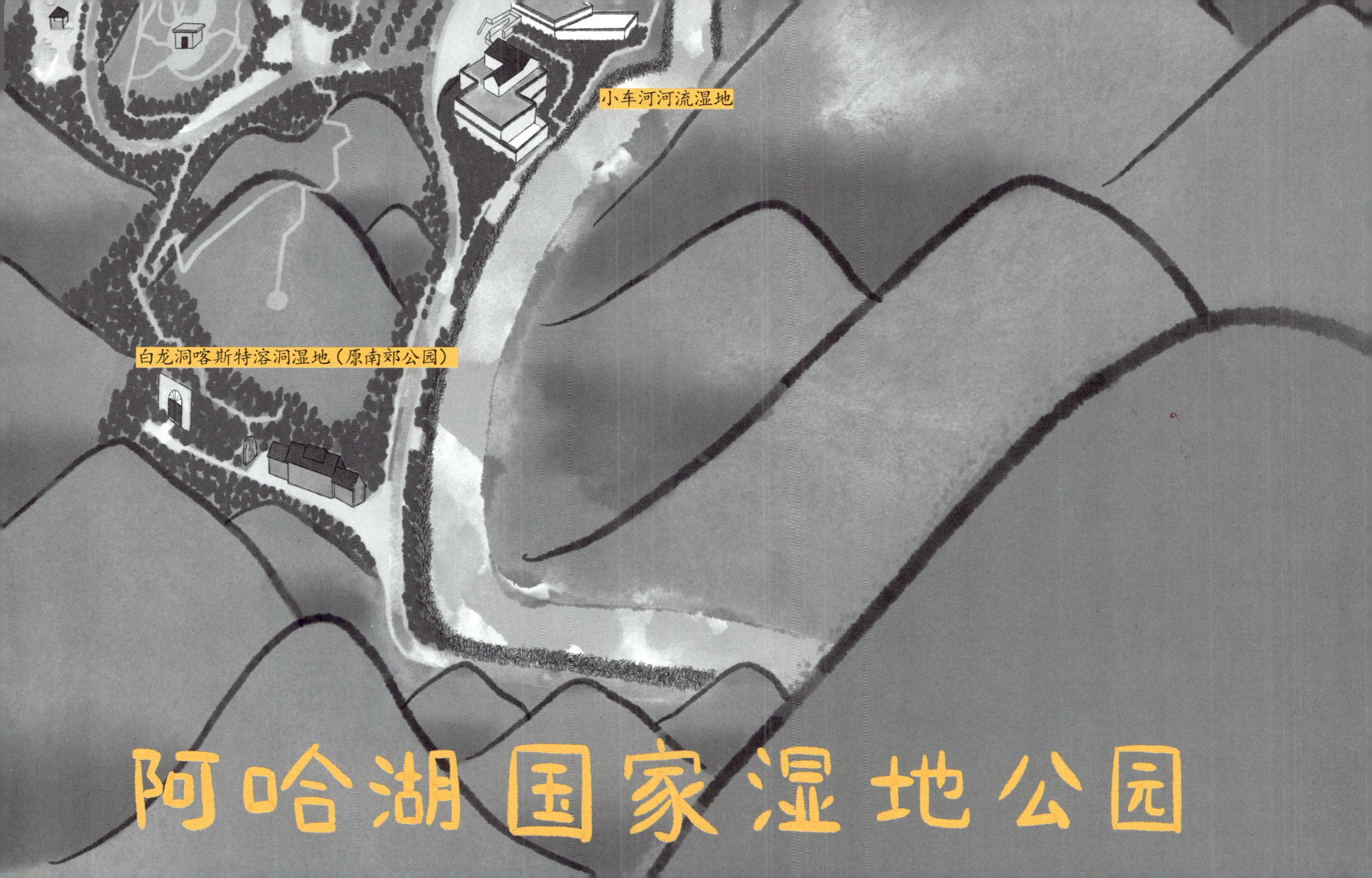
小车河河流湿地
白龙洞喀斯特溶洞湿地（原南郊公园）
阿哈湖国家湿地公园

云贵万重山。贵州，一个多山且林密的省份，地处全球喀斯特地貌发育成熟的地区，山地多是其地貌最主要的特点。作为贵州省省会的贵阳就是这样一座典型的山林城市。山、城、林彼此交织起伏，城市中的人们习惯了山的轮廓点缀在鳞次栉比的高楼之中。

不过，这种“八山一水一分田”的地貌地形，在很大程度上造成了贵州湿地资源不足的状况：一些科学家通过调查发现，水资源丰富的贵州，其湿地却不及全国湿地的平均水平，呈现相对稀缺的状况。

不过，可能你会疑问：湿地不足是事实，可是湿地究竟有什么重要意义？

湿地的重要意义，不仅仅是“地球之肾”这样的生动比喻所能简单概括的。

湿地是一个复杂的生态系统。它们首先是水土资源丰富的地方，同时在这些地方，还积蓄了丰富的水资源和动植物等自然资源。在历史上，人类也会选择逐水而居，或聚居在

依山傍水的场所。最终，这些地方也逐渐形成了独特的建筑、民俗、饮食文化和农业生产活动。因此，某种意义上，湿地既是自然资源，同时也是形塑地方人文景观和社会景观的物质基础。

正因如此，对于贵州来说，湿地资源就像镶嵌在喀斯特山地里的宝石，显得尤为珍贵。尽管喀斯特地貌带来了破碎化的生境，但在某种意义上，也意味着这里有着溪谷、河流、池潭等丰富多样的湿地类型，为生物多样性提供了丰富的土壤。

更幸运的是，这块瑰宝——阿哈湖国家湿地公园恰好位于贵阳城市中心。它便利可达，为我们重新领略这块独特湿地的生境提供了最佳的可能。同时，它与我们的一步之遥，似乎更像一个直白的隐喻：城市发展是可以与自然和谐共存的。

让我们一起出发，在贵州喀斯特大地上，共同探索关于湿地的复杂谜底。

山地与湿地

如果我们像一只鸟儿一样飞向高空，向下俯瞰贵州大地，会发现这是一片山地的天堂。

整个贵州省地势西高东低，自中部向北、东、南三面倾斜，平均海拔在1100米左右，高原、山地、丘陵和盆地是这里地貌的主旋律，其中，山地和丘陵占92.5%，作为全国唯一没有平原支撑的省份，“八山一水一分田”的形容恰如其分。

根据第二次全国湿地资源调查（2009～2013年）统计，贵州全省湿地总面积209726.85公顷，仅占全省国土面积的1.19%（湿地率），而全国的平均水平是5.58%（湿地率）。这让贵州的湿地显得弥足珍贵。《贵阳市湿地资源调查报告2015》显示，贵州的省会贵阳的湿地资源总量同样相对有限，贵阳市湿地总面积为16017.93公顷，仅占全市面积的2.03%。

贵州的湿地为什么这么少？水，都去哪儿了？

湿地定义

根据《关于特别是作为水禽栖息地的国际重要湿地公约》（简称《湿地公约》）的定义，湿地是指“天然或人工形成的永久性或暂时性的沼泽地、湿原、泥炭地和水域地带，带有静止或流动的淡水、半咸水或咸水水体，包括低潮时水深不超过6米的海水水域。”

独特的喀斯特地貌

贵州的湿地为什么如此珍贵？这与贵州千沟万壑的喀斯特地貌息息相关。喀斯特地貌为贵州带来地质奇观的同时，也造成了贵州湿地资源的稀缺。

什么是喀斯特？喀斯特地貌遍布中国西南地区。贵州山地神秘莫测的溶洞，广西桂林秀美如画的峰林，云南昆明奇绝突兀的石林，都是典型的喀斯特地貌，即溶蚀地貌。

喀斯特（karst）本意是岩石裸露的地方。某些岩石如碳酸盐岩（如石灰岩）、硫酸盐岩（如石膏）等遇水、二氧化碳会发生化学反应，再加

喀斯特地貌分类

喀斯特地貌分地表和地下两大类，地表有石芽、溶沟、喀斯特漏斗、落水洞、溶蚀洼地、峰丛、峰林等；地下有溶洞和地下暗河等。阿哈湖国家湿地公园的喀斯特地貌主要为溶洞、峰丛和峰林。

上流水的冲蚀、潜蚀等物理作用，形成独特的地上地下形态，被称为喀斯特地貌。

喀斯特地貌的最大特征是地表水文稀疏、土地瘠薄易干旱，而地下水文丰富——这是因为喀斯特的渗漏结构让地表难以积蓄水源。土壤越瘠薄，蓄水能力越弱，下雨之后，雨水顺着山体流进深深的河谷，或顺着山体的裂缝，渗漏进地下暗河。

没错，破碎的喀斯特就像一个个大漏斗，地表水很容易就悄悄地溜走了。这正应和了云贵地区的那句俗话“地表水贵如油，地下水滚滚流”。

阿哈湖国家湿地公园诞生记

作为喀斯特大省，贵州的湿地在一定程度上烙上了“喀斯特”印记。

贵阳市的溪谷、河流、池潭基本都是在喀斯特地貌上形成，湖泊、水库基本都是在喀斯特峡谷中筑坝形成。而如此多样化的湿地类型，你竟然可以一口气在贵阳市中心的一座公园里发现！

它就是贵阳这座大花园里最闪亮的眼睛——阿哈湖国家湿地公园！

那么，阿哈湖国家湿地公园在哪儿？寻找一条河流是关键。它就是小车河。

让我们开始漫步，途经小车河、白龙洞喀斯特溶洞湿地（原南郊公园）、阿哈水库。猜猜看，它们的共同点是什么？没错，是湿地！它们分别是河流湿地、喀斯特溶洞湿地和库塘湿地。这是阿哈湖国家湿地公园三种最具代表性的湿地类型——是的，“湿地”的确不像这个词汇所描述的那么简单！

作为一处与城市紧密相连的湿地，它究竟是怎么来的？让我们来看看阿哈湖国家湿地公园的发展历程。

阿哈湖国家湿地公园的发展历程

1958年前 河谷与布依族山寨

阿哈水库的湖心，原是由众多丘陵围绕的宽“U”形河谷，当地称为三岔河。河谷里还有一处名为“阿哈”的布依族山寨。

自然的“U”形河谷与依山而居的山寨聚落。

1958年 建立“储水库”

为了保证贵阳市有充足的水源，人们在低洼河谷上筑起大坝，拦截上游河水，建成阿哈水库。“阿哈”意为“幸福”，用以纪念被淹没在库底的布依族山寨“阿哈”。

储水库与湿地，是贵阳珍贵的“水资源”。

1965年 发现湿地世界

机缘巧合，人们在地下发现了神奇的湿地世界：南郊公园。它是贵阳首个地下溶洞公园，与河滨公园、森林公园、黔灵公园一起成为贵阳人最早的城市公园记忆。

地下水溶洞，是“别开生面”的湿地形态。

1967年 培养城市绿化苗木

贵阳苗圃所在小车河两岸山地间培养了郁郁葱葱的城市绿化苗木，留下了马尾松、杉木、朴树、樟……形成了一份宝贵的城市“绿色遗产”。

“绿色遗产”是固住两岸地貌的“护水大卫士”。

2013年 贵阳首个国家湿地公园诞生

一直以来，我们都在利用湿地，用它来为城市提供用水，用它来修建游赏公园和苗木花圃。但湿地资源是有限的，如何保护它，是阿哈湖国家湿地公园成立的背景和使命。

阿哈湖国家湿地公园诞生啦，大家一起来爱护水，呵护湿地！

互动游戏：探索湿地的安全法则

阿哈湖国家湿地公园可真大！它相当于1700个标准足球场那么大！一天内能否逛得完？会不会迷路呢？

别担心！在阿哈湖国家湿地公园内，并非所有地方都可以游玩：阿哈湖国家湿地公园目前分为3个功能区，你可以在小车河及两岸山地组成的合理利用区和恢复重建区尽兴游览。为了保护水库安全，阿哈水库以及水库周边被辟为生态保育区，当你看到“水库重地，游客止步”，请停住脚步！

请记住，在阿哈湖国家湿地公园，真正安全的互动游戏意味着遵守以下安全事项：

1. 为防止意外，请不要随意走出公园的参观路线。
2. 为避免蚊虫叮咬，请穿着长袖衣裤或随身携带驱蚊装备。
3. 观察鸟类时请保持安静，请勿惊扰它们。
4. 公园内偶有猕猴出没，请勿挑逗或投食。
5. 请随手带走垃圾，切勿向岸边和河里扔垃圾。
6. 请勿移动或触碰鸟巢，更不要取走鸟蛋。
7. 每一株植物都是生命，请勿随便拔起它们。
8. 水深危险，请勿过度靠近河岸。

想一想，还有哪些你认为必须遵守的安全法则？除了书中列出的一些装备，你也可以在下一页的方框中画出你去这里游玩想带的物品，并说出你的理由。

宽檐帽
放大镜
环保袋
NEW
ECO
相机
文具
长袖衣裤
毛巾
自然笔记本
背包
防滑鞋

活泼的
小车河

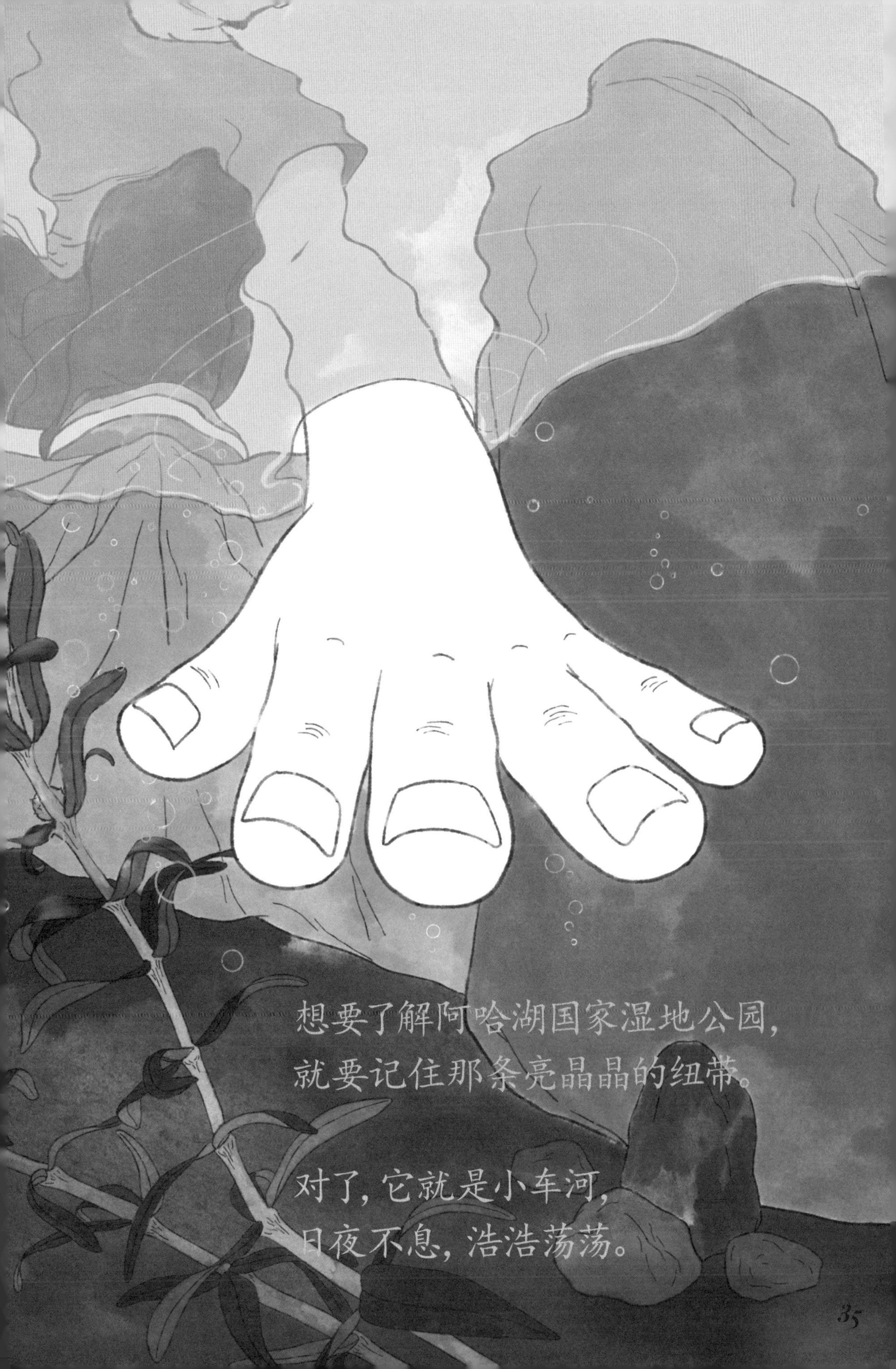

想要了解阿哈湖国家湿地公园，
就要记住那条亮晶晶的纽带。

对了，它就是小车河，
日夜不息，浩浩荡荡。

小车河，连同河两岸的山地，是一个丰富多彩、生机盎然的湿地世界。

小车河的水从哪里来的？河流又为什么弯弯曲曲？

小车河的水主要来自于大气降水。在地转偏向力的影响下，河流在流动过程中会发生偏转，右岸侵蚀严重，而左岸以堆积为主，最终形成曲流——这就是我们看到小车河弯弯曲曲的原因。大气降水落到地表后，一部分蒸发变成水蒸气返回大气，一部分下渗到土壤成为地下水，其余的水沿着斜坡形成漫流，通过冲沟、溪涧，注入河流，汇入海洋。在地表径流的作用下，流水及其携带的泥沙和硬石对地表进行冲刷和破坏，导致河谷变得更深、更宽，河道也趋于稳定。阿哈水库上游的水和地下水也给小车河带来了补给，河流因此流动得更加欢快了！

对于贵阳来说，小车河还串联起了完全不同的喀斯特湿地类型和生态系统类型——河流、森林、溶洞、库塘。这些异常多样的小生境，使栖居在两岸的湿地“居民”的数量和种类蔚为壮观：从水生到陆生，各种各样的生物在这里都可以找到适合自己生存的“家”。

不过，云贵高原地势相对崎岖，且由于岩层受到挤压力，大地变得支离破碎。另一方面，由于云贵高原区域的岩石多为水溶性岩石（如石灰岩），该地为湿润的亚热带季风气候，流水的侵蚀作用明显，喀斯特地貌发育更加剧了地表的崎岖程度。在这种环境下，耕地面积小，土层较薄，土壤肥力较低，不利于农业生产，让赖此物质基础存活的生命更为艰难。为了留住水，从蕨类、苔藓、藤蔓到森林植被，它们手拉手，层层覆盖于喀斯特地表。

这就是喀斯特石质荒漠上的坡面藤蔓丛林生态系统服务功能：蕨类、苔藓在雨季截留水分，避免洪涝灾害的发生；在旱季释放水分，防止旱灾发生。藤蔓丛林发达的根茎能束缚岩石和泥土，避免雨水对土壤的直接冲刷，保持住水土，减少了长期雨水冲击造成的泥石流、山体崩塌、滑坡等地质灾害。

它们抓住土，存住水，护住整个山林，留住珍贵的湿地！

除了植物的智慧之外，我们也别忘了小车河边曾经的原住民，他们用传统的智慧——人工湿地，也就是梯田，生产出了粮食，让家园繁衍生息。

山地森林的捍卫

为什么这么脆弱的生态环境，还能营造出如此生机勃勃的世界？

因为植被是水资源和湿地的守卫者！

在小车河两岸，远远观赏这片山地，森林就像一支浸润着各种绿色的笔，用充满诗情画意的颜色描绘出层次丰富的大自然。

但是，走近山地森林观察，你会发现完全不同的风景：石上长树，石缝生根；岩石裸露，土壤稀少。这就是贵州独特的喀斯特地貌。森林就是用这种方法固定住山地，锁住每一滴珍贵的水的。

这里的大树是在二十世纪五十年代来到这里安家落户并生根成长的。原本贵阳的地带性植被是亚热带湿润性常绿阔叶林。由于人为活动的影响，目前仅在局部山头有小片残存。引入树种和原生树种一起，构成阿哈湖国家湿地公园现在最常见的植被类型：常绿落叶阔叶混交次生林与马尾松、杉木人工林。

快来仔细观察一下，这些树木到底有什么不同。或者，不妨捡拾几片落叶回家，对比一下它们的形状、颜色，闻一闻它们的气味吧。

喜树的果实为翅果，两侧具窄翅，着生成球形的头状果序。

喜树

Camptotheca acuminata

蓝果树科喜树属

落叶乔木。树干笔直，树冠遮阴，高达20余米。常生长于林边或溪边。花序极有特色，远远看去像一个个毛球。

森林按起源分类

原生林：未经采伐、培育等人为干扰的天然林。

次生林：因采伐等人为干扰或自然因素破坏后，自然演替形成的森林。

人工林：原生林或次生林经人为严重干扰（如采伐或火烧）后，由人工种植乔木种类恢复形成的森林。

滇鼠刺的花序成条状垂下，会随风摇摆。

滇鼠刺

Itea yunnanensis
虎耳草科鼠刺属

在我国西南地区，滇鼠刺又被称为烟锅杆树，其坚硬的木材是制作烟锅杆的极好材料。

马尾松

Pinus massoniana
松科松属

马尾松喜欢阳光，也能够忍受高温或低温，耐干旱和水湿，可以克服贫瘠的土地。其针叶细瘦纤长，可避免水分过度蒸发，保留水分。它是适应严酷环境的“先锋树种”。

马尾松的针叶一般是两针一束，果实也比一般松果要小一些。

蕨类的信念

自然界很奇妙。体格庞大，不代表它年龄最大。

阿哈湖湿地中，年老的“植物”在哪儿？

请你把视线移到小车河的溪流旁边，树林间乃至整个湿地公园。它们在阴凉湿润的世界中，铺展、摇曳，欣欣向荣。

蕨类，这些叶片如羽毛般的植物是拥有古老血统的“植物之王”。这个物种来到地球上已经4亿多年了。蕨类植物还有一个酷酷的名字——“先锋植物”！先锋，就是最快抵达的意思。

岩石丛生的喀斯特山地，丝毫不影响蕨类植物的坚定信念。它们在恶劣的生长环境中存活下来，保持水土，帮助土壤结皮，为迟来的植物铺垫道路。它们是地球生命历史的活化石和见证者。小车河边就有一些常见的蕨类：狗脊蕨、红盖鳞毛蕨、铁角蕨等。

轻轻掀开它们的背面，你还会发现一个小惊喜——蕨类叶片背面有许多小点，是不开花、不结果，用来繁殖后代的孢子囊群！

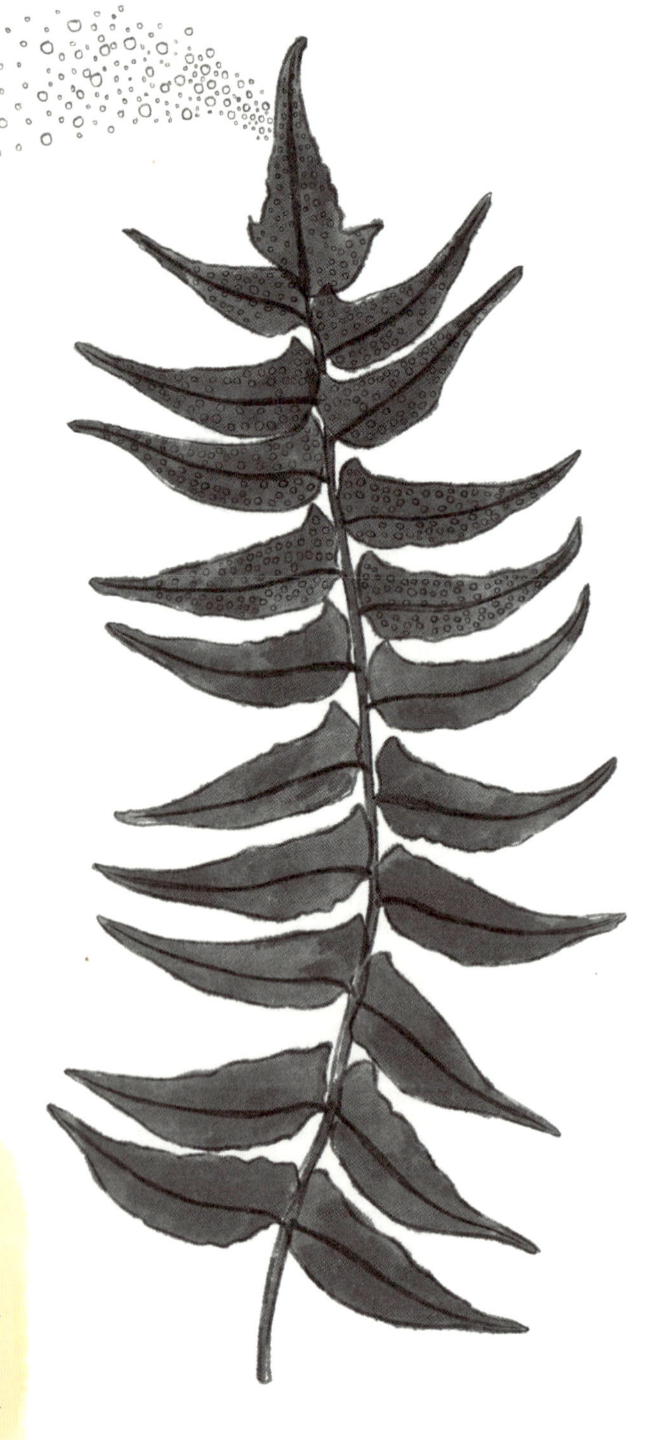

贯众

Cyrtomium fortunei
鳞毛蕨科贯众属

贯众多生长在山的背阴面近水处。往往数根一丛，一根有数茎，每茎粗如筷，汁液手感润滑。

见过恐龙的植物

蕨类植物，是生命进化和发展史上的奇迹。它们是最早登上陆地的植物类群，曾见过恐龙，且是这个庞然大物的食物。蕨类的祖先古蕨属，曾高大如树。演化让它最终比祖先们矮小了很多，最终成为地球生命历史的活化石和见证者。

紫萁

Osmunda japonica
紫萁科紫萁属

紫萁生长在湖沼湿地。叶片通常呈丛生状、羽毛状。翻过叶片，繁衍的孢子密生于叶脊两侧。此外，它们的叶片在蕨类中属于较大的类型。

芒萁

Dicranopteris dichotoma
里白科芒萁属

芒萁在新枝抽芽的阶段，形态状若一个“Y”形分叉。它们生长快速，喜欢向阳环境，也能适应强光、干旱的环境，是开垦荒地的先驱者。另外，去了皮的芒萁叶柄具有韧性，可作编织材料。

海金沙

Lygodium japonicum
海金沙科海金沙属

在多数情况下，海金沙的茎与根一起生长在地下，从地面长出来的一整条正是它长长的叶片，号称“世界上最长的叶子”。海金沙叶片末段还有小指状突起的孢子叶，上面布满了孢子囊。

红盖鳞毛蕨

Dryopteris erythrosora
鳞毛蕨科鳞毛蕨属

红盖鳞毛蕨的叶片颜色变化丰富，嫩叶最初呈粉红色，随着时间变化逐步由铜色转为深绿色，颇具有观赏性。翻过叶片看看，最大的特色还是它的孢子囊群盖，呈鲜艳的褐棕色圆肾形状。

缤纷的水生植物

植物，是我们最容易在小车河遇到的“居民”。在蓊郁葱翠的小车河边，那些长在河边、漂在水上或潜在水下的植物，长势尤其茂盛。

它们是谁，为什么它们能适应水下生活？

水生植物，是这些在水中练就了生存、繁衍技能的植物的总称。繁茂的水生植物，也是河流湿地生态系统健康状态良好的指标。

水生植物，是植物界出色的游泳运动员和潜水者。它们的生存策略非常特别。其机械组织（注：对植物起主要支撑和保护作用的组织）并不发达，所以其外在形状多呈线形或扁平状，有的借由根系固着在水中以适应水的流动；另一方面，它们大多演化出发达的通气组织，有的也演化出特殊的气生根或气囊构造，以利于它们漂浮或气体交换。

漂浮植物

根较细小，随水浪流动，四海为家，适应能力极强。膨大的叶柄能充分保证它们自由呼吸，同时还能吸附水中有害物质。

浮萍：叶片圆圆，可以吸附化学物质，也是一些草食性鱼类的饵料。

漂浮植物，
好脾气的侠客。

挺水植物

浅水区有些茎叶伸出水面的植物，根紧紧抓住水下的泥土，这些根或地下茎里，有发达的通气组织，是运送氧气的通道。

香蒲：夏天小车河边，植株上长有一根根黄褐色像香肠一样的东西，是香蒲露出在水面上的部分。这“香肠”是果序（注释：花序在果期即为果序，指花谢后产生的大量果实及果序轴）。在成熟季节，它们会爆开，形成一个个大毛球。风一吹，种子随风飘扬，落地生根。

挺水植物，昂首的勇士。

沉水植物

它们全部或大部分沉于水下，避免水流冲击，努力吸收水中氧气，叶茎柔软如丝线。

黑藻：小车河最常见的沉水植物之一，生长迅速，在水流较缓的区域甚至可以形成巨大的“水下森林”。黑藻还有强大的富集能力（注释：指水生植物对水体中重金属的富集及净化能力），能吸附水中的氮、磷，起到净化水质的效果！

沉水植物，
不动声色的潜水客。

浮叶植物

它们的叶片浮在水上，根牢扎在水中底土，伸得很长的叶柄与水深相适应，不断运输氧气和其他气体。

萍蓬草：长长的花梗将黄色的花朵托举出水面，心形叶片碧绿，颜值真高！它们只生活在水流缓慢、水质较好的河流、池沼中，成为了水质“检测员”。

浮叶植物，
神秘的“冰山一角”。

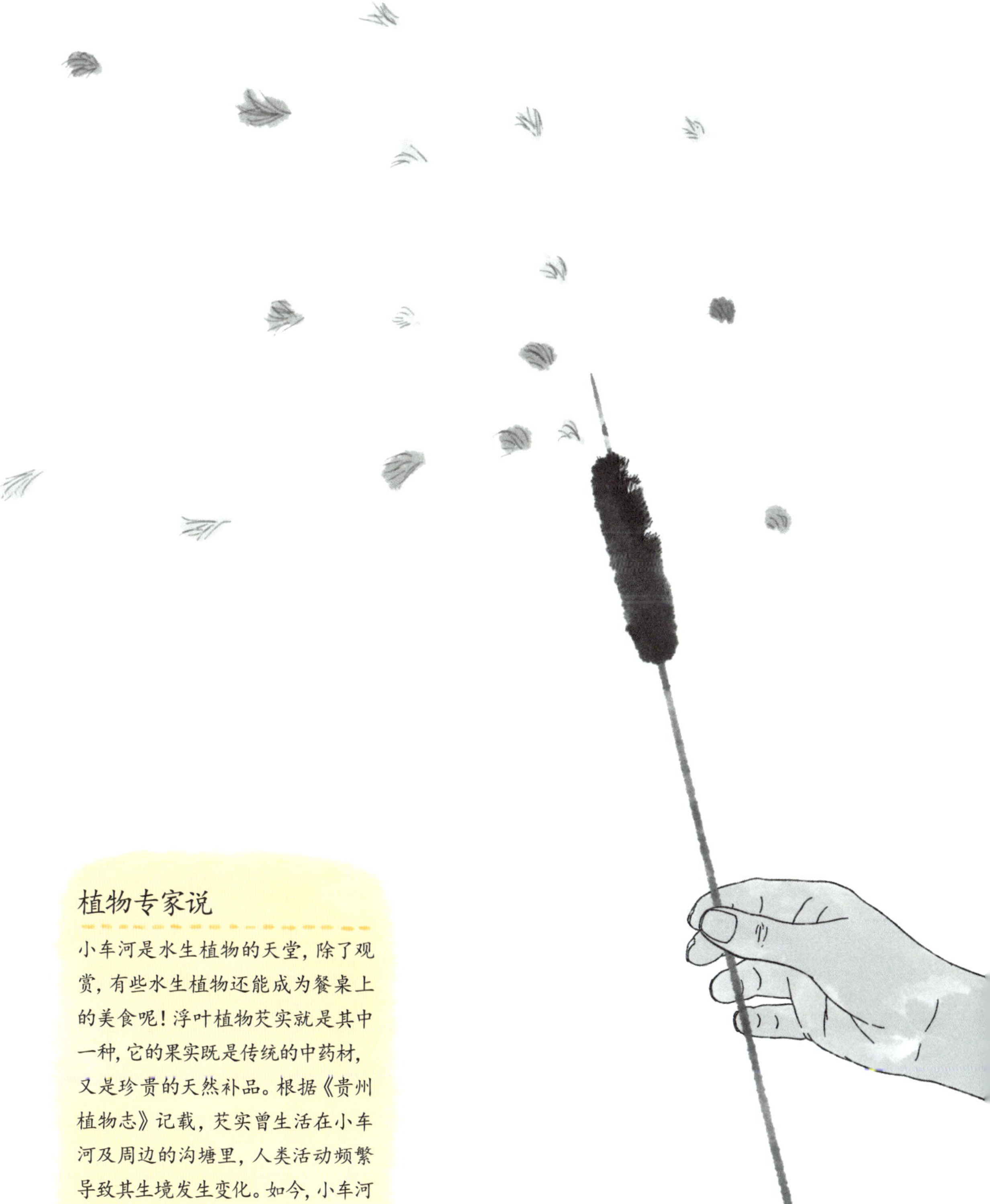

植物专家说

小车河是水生植物的天堂，除了观赏，有些水生植物还能成为餐桌上的美食呢！浮叶植物芡实就是其中一种，它的果实既是传统的中药材，又是珍贵的天然补品。根据《贵州植物志》记载，芡实曾生活在小车河及周边的沟塘里，人类活动频繁导致其生境发生变化。如今，小车河已难寻芡实硕大的身影，这更提醒我们要爱护环境。

——袁果　贵州省生物研究所

神奇的倒木

快看，在小车河岸边，有一棵倒木斜支在水中。

咦，树难道不应该笔直地长在岸上吗？

为什么一棵早已干枯的倒木，还能创造出新的生机？

倒木是小车河极为常见的自然现象，它可以反映河流的水文变化，另一方面还可以体现小车河物种生境的多样性。

大自然没有两棵一模一样的树，也没有绝对的生与死。

小车河两岸的树木因病虫害、火灾等原因，会进入河流，逐步破碎、分解，被水流搬运，最终沉积、储存在河床中，形成一个重要的碳库。而那段出露于河床之上的倒木部分，则为动植物的栖息创造了多样性的生态环境。

瞧！倒木稳稳安于水中，仿佛一道水坝。倒木对河流泥沙具有明显的拦截作用，在常年湍急流动的河道中形成一片宁静的稳水区。要知道，快速的水流、惊起的水花，很容易就惊飞小鸟和对环境敏感的小动物。此刻，它的存在能为水生动植物提供遮阴蔽护的场所。

让我们的脚步放慢一点，走近倒木，再仔细观察一下。水面下也有一

番热闹和活泼景象：鱼、虾、螺等水生动物上下游曳，隐蔽其中；水草等水生植物也在这里随波荡漾。

树上也有好风景。一只白鹭正立足在这个栖息地上，遥望着远方，时而用长喙梳理白羽。它在这里歇脚，双足紧紧攀附着枝干，脚边是毛茸茸的苔藓。河流生生不息，依然润泽着这根倒木，让菌类和苔藓都能从容生长。

水库泄洪蓄水、季节性降雨使倒木一沉一浮，成为一个动态、奇妙的世界。

这棵倒木形成于2014年7月16日。那天，水库泄洪，小车河水位涨高到近3米。湍急的水流冲倒了河边的树木。小车河的动植物有了一个新天地。

互动游戏：做一次自然拼盘

大自然很可爱，但大自然中，有些植物为了保护自己，可能“有刺”或“有毒”。你需要在自然老师指导后，或爸爸妈妈的陪同下，适量收集一些树叶、野花、种子、果实、松针等，装在一个小塑料袋里，回家以后做一次自然拼盘。回忆一下在哪里捡到的，它叫什么，可以将它们与小伙伴分享，甚至可以动手描画。

叽叽喳喳的世界

天色微亮，新的一天开始了。最先打破宁静的，往往是鸟儿。

在阿哈湖国家湿地公园大约生活着195种不同的鸟类，遍布公园各个角落。在小车河边的湿地中，鸟类是我们最常邂逅的“居民”。其中，雀类最为常见。河流中，嬉戏着小䴙䴘等游禽；浅滩处，白鹭等涉禽出没；两岸林间，喜在地面活动的珠颈斑鸠等陆禽正蹑足奔走。

小车河边鸟儿“啁啾”不绝。它们为什么喜欢这里？

那是因为河两岸阔叶林、针叶林、灌丛、草地、湖泊等给这些精灵提供了适宜的生境，丰富多样的食物能够满足鸟类维持生存的基本需求。

鸟类为河流湿地带来热闹生机，更能反映湿地的“健康”程度。它们在枝头歌唱，踱步跳跃，冲入云霄……湿地公园真像一个充满多声部“歌手”交叠和声的迷人音乐厅！

戴胜

Upupa epops

戴胜科戴胜属

戴胜头顶具有凤冠状羽冠，嘴细长，常见于林缘、耕地等开阔地带。它被叫作“臭姑姑”，因繁殖季雌鸟在孵蛋期间吃喝拉撒都在窝里解决，同时分泌出恶臭油脂气，这是其赶走不速之客的另类方式。

红隼

Falco tinnunculus

隼科隼属

红隼的适应能力强、栖息地类型多样。在人口稠密的城市里，红隼是高频率出现的猛禽之一。红隼也是国家二级重点保护野生动物，伤害和私自饲养将构成违法行为。

小䴙䴘

Tachybaptus ruficollis

䴙䴘科小䴙䴘属

小䴙䴘是中国各地的湖泊、淡水湿地最常见的水鸟之一，羽色呈栗红和灰褐色，擅长潜水捕食。

“关关雎鸠，在河之洲”，这朗朗上口的名句道出了鸟儿和湿地的关系。

阿哈湖六大生态类群鸟类

游禽：小䴙䴘、绿头鸭、鸳鸯、普通秋沙鸭等。

涉禽：白鹭、白腰草鹬、扇尾沙锥、黑翅长脚鹬等。

陆禽：红腹锦鸡、灰胸竹鸡、雉鸡等。

鸣禽：红嘴蓝鹊、白鹡鸰、棕背伯劳、粉红山椒鸟等。

攀禽：灰头绿啄木鸟、大斑啄木鸟、棕腹啄木鸟等。

猛禽：红隼、斑头鸺鹠、领角鸮、黑冠鹃隼等。

红腹锦鸡

Chrysolophus pictus

雉科锦鸡属

红腹锦鸡不喜群居，夏季常见于多石和险峻的山坡矮树丛，夜宿针叶林树枝。它是中国特有的鸟类。雄鸡羽色华丽，头具金黄色丝状羽冠，身体深红色、尾羽黑褐色，身体加上尾部可长达1米。雌鸡则十分低调，全身灰褐色。

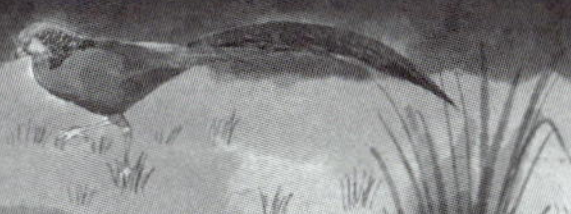

红嘴蓝鹊

Urocissa erythrorhyncha

鸦科蓝鹊属

红嘴蓝鹊栖息于林地、湿地、村落、城市等地。鲜红色嘴和脚，蓝色的羽毛，暗蓝色的长尾令其优美异常。不过，鸦科动物有较强的集群性和领地意识，请勿打扰其生境。

白鹭

Egretta garzetta

鹭科白鹭属

白鹭常栖息于平原、丘陵和低海拔湖泊、滩涂地等。其身姿独特：“S”形长脖，细长足，常曲缩一足于腹下，保持“独立”姿态。

鸟儿们，开饭啦

“早起的鸟儿有虫吃”，不勤快点儿可不行。

不过，鸟儿只吃虫子吗？并不。除了虫子（食虫鸟类），不同的鸟，习性不同，有的爱吃肉（食肉鸟类），有的爱吃谷物（食谷鸟类），有的不挑食，既吃肉也吃素（杂食鸟类）。

小车河两岸食物丰富。在湿地的不同生境，鸟类都能找到美味大快朵颐。阿哈湖国家湿地公园为了让鸟类能够拥有更多的食物选择，通过修复河流浅滩湿地，营造人工湿地岛以及在河岸坡地栽种果树等方式，给鸟儿提供一个更棒的“餐厅”环境，让它们能够在不同的季节更从容地获得温饱，也能安心地把“家”安在这里。

让我们去小车河的不同“餐厅”看看，小鸟们开饭都吃点什么？不过请你把脚步放轻一点，切莫大声喧哗，让它们安心吃完这顿早餐吧！

正确观鸟的原则

爱鸟护鸟的观念，体现于正确的观鸟方法。鸟类生性敏感活泼，视力敏锐，发现有人接近会迅速飞走。如果遇到正处于繁殖和育雏期的鸟类，切莫惊扰它们，否则可能会引发其因感到威胁而弃巢，影响育雏。观鸟时，建议尽量穿着与自然环境协调、近似的草绿、棕褐色的棉布衣服或迷彩服。动作轻缓，不做突然迅速的动作。相比阴雨天和刮风天气，鸟类更喜欢在晴朗无风的天气觅食活动，这时也更易观看到鸟类。春、夏季节，日出后两个小时、日落前两个小时鸟类最为活跃。

鸟儿们的“餐厅”

小车河浅滩

涉禽喜欢停留在露出水面的浅滩。栽种蒲苇、香蒲等植物，能改善植被环境，吸引更多涉禽来此觅食栖息。

河岸坡地

坡地上种植火棘、荚蒾、枇杷、海棠花等浆果类植物，吸引吃果实的鸟儿纷纷到来，饕餮大餐就在这里！

人工湿地岛

在水流不畅的河流区域种植狐尾藻、再力花等能净化水质，种植千屈菜、美人蕉、睡莲等可以丰富湿地植被类型，为来此觅食和栖息的鸟类创造更好的“餐厅”氛围。

鸟儿们的食物

枇杷

Eriobotrya japonica

蔷薇科枇杷属

常绿小乔木。高可达10米。叶片革质。果实为黄色或橘黄色，仔细观察覆盖有一层锈色柔毛。5～6月果实成熟时，酸甜可口。

火棘

Pyracantha fortuneana

蔷薇科火棘属

常绿灌木。高达3米。俗名火把果，在贵州被称为“救军粮”。火棘树形优美，夏有繁花，秋有红果，果实存留枝头甚久。

海棠

Malus spectabilis

蔷薇科苹果属

乔木，高达8米。黄色的果实，接近球形。果期8～9月。

荚蒾

Viburnum dilatatum

忍冬科荚蒾属

落叶灌木。高1.5～3米。果实卵圆形，红色。果熟期9～11月。

多样的鸟巢

夜晚，繁忙喧闹的湿地公园归于沉寂。鸟都去哪儿了？

鸟儿回家，叫作“归巢”。它们的家，安在哪儿？

如同人类安家的原则，鸟类筑巢一般注重安全性，常将巢安在树洞、山洞、岩壁、屋檐下等隐蔽处，以此远离天敌。同时，巢穴也需要建在具有较开阔视野的场所，方便鸟类行动，获取水源、食物等。因此，鸟巢也多分布于河岸湿地、灌丛，两岸山地树梢间。比如，林鸟一般在枝头筑巢休息，水鸟则选择在水面安营扎寨，有集群行为的鸟群还有固定的夜栖地。

让我们去探访一下它们的家，看看究竟长什么样吧！

枝丛之家

树枝是常见的鸟类筑巢点。鸟巢形如碗状，比如，斑鸠和喜鹊的巢。

水上之家

真神奇！有些水禽会在水面上用芦苇、草茎筑成盘状浮巢，比如，小䴙䴘和骨顶鸡。

岩洞之家

一些鸟会利用岩石间的裂隙筑巢，这样隐蔽又坚固，比如，山雀和山鸦。

树洞之家

树木有时会形成天然的树洞。除鸟类之外的动物活动后，也可能留下洞穴，鸟儿会把它们改造成自己的“家”。鸟儿还会自己在树上凿洞为巢，如啄木鸟。

人居之家

有些鸟喜欢选择电线杆、屋檐等人居环境巧妙安家，比如，喜鹊、燕子。

普通翠鸟的故事

瞧！一只羽毛灿烂的鸟儿，快如闪电！

普通翠鸟是在小车河时常出没的一类水鸟，也是中国境内翠鸟属中分布最广的一种。

普通翠鸟掠过水面，一个猛子垂直扎到水下。几秒过后，沾着水珠，它冲出水面，嘴里已叼着一条挣扎的小鱼。很快地，它飞到河岸，消失了。

普通翠鸟的倔强认真，一点都不“普通”！在日常捕鱼的矫捷身姿中，透露出它对猎物的快速判断；在艰难的养育过程中，反映出它对环境的适应。这些与湿地相依相伴的动人画面，每天都在小车河边上演。

普通翠鸟的家在哪儿?

普通翠鸟把家安在河岸或溪岸的垂直裸露的土质堤岸。从一个窄窄的洞口进去，里面是一个足以容纳一大家子的球型洞穴，长约60～100厘米，比一个足球还要大！产卵、孵化、育雏直至幼鸟离巢都在这里完成。

为什么选择在堤岸安家?

堤岸临水,可方便普通翠鸟捕捉鱼虾;垂直裸露的堤岸洞穴,可以抵挡一些地面捕食者偷取鸟蛋或雏鸟。

没有双手，如何挖洞，搬土，建造房屋？

尖尖的且坚硬的鸟喙是普通翠鸟的巧妙工具，不仅可以用来捕鱼，还可以用来挖土。它用唾液将土粘成球状，衔出洞外扔到很远的地方，让天敌不易发现。

有家，就绝对安全了吗？

并不！大自然充满考验！如果河岸高滩地的植被生长得太快，蛇类可能会沿着下垂的植物游进巢穴。打洞的鼠类们也能钻进翠鸟的巢洞。雨季，河水暴涨，普通翠鸟的家也可能被淹没。它们绝不气馁，重新择营，重新创造一个家。

小车河众生相

漫步了这么久，让我们静静地在山林中驻足片刻吧！咦，为什么这里有一些三趾脚印，那边有一些五趾脚印？

喀斯特地貌造成的生境破碎化，使贵阳地区野外难见大型兽类的踪迹。但小车河的充足水源，两岸的繁茂植被，以及地下到地表的多样化小生境，吸引了许多动物在这里找到合适的生存位置并安家落户。

想要发现小动物们，当然不像发现水边的植物那样容易。

很多时候，它们生活在隐秘地带，营造着各自的理想家园，与湿地和谐共生。看似寂静的小车河，却有着诸多生命的好戏在上演！

它们或隐于落叶之下，或潜藏在石缝与树根之间，或在湿润的土壤里聆听陌生来客，或利用树叶悄悄地编织着自己的家园。不同的动物还拥有各自的气味和痕迹，就像每个人都拥有一个独一无二的身份证号码那样。你可以俯身在地面找找，这里可能有一些动物来过的讯号。

森林原来如此热闹！嘘——可别打扰它们的生活啊！

夜行性动物

指日间休息、晚间夜间活动的动物，有些则介乎两者间，在黄昏时出没。它们一般有较发达的听觉及嗅觉系统，部分物种特化出适应低光环境的视觉系统，导致白天难以正常行动，比如，刺猬。鼬獾、果子狸就是夜行性动物，白天在其领域内的岩缝、树洞、灌丛等位置休息。

隐纹花松鼠

Tamiops swinhoei

松鼠科松鼠属

隐纹花松鼠脸颊内侧有颊囊，能储存很多食物，其最大的特征在于一根蓬松的大尾巴。一般以植食性为主，食物主要是种子和果仁，也会吃鸟蛋、水果等。

果子狸

Paguma larvata

灵猫科花面狸属

果子狸俗称“花面狸”“白鼻心”，这正好能描绘其面部特征。果子狸活动在山林中，善攀缘，有昼伏夜出的习性。主要吃植物，最喜食水果，鼠类是其比较喜欢的肉食来源。果子狸还具有臭腺，遭遇敌人时会释放出异味，借此吓跑敌人。

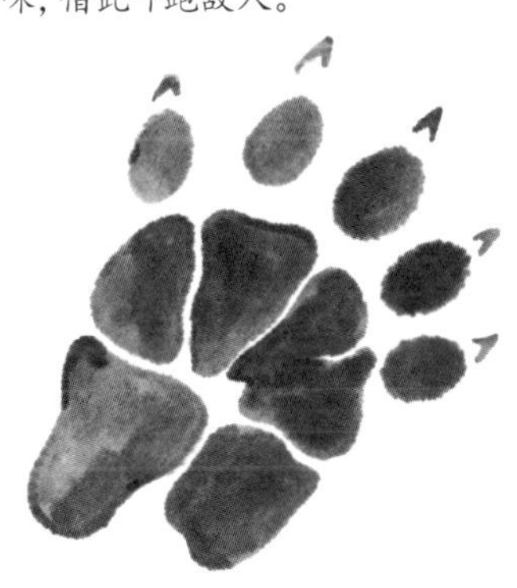

鼬獾

Melogale moschata

鼬科鼬獾属

白天躲藏于树洞、土洞或岩洞内休息，日落黄昏后始外出觅食。主要依靠嗅觉来寻找食物，听力与触觉亦佳。喜好捕食蜥蜴、鸟类、小型啮齿类、蜗牛、蚯蚓、大型昆虫等。其臭腺特别发达，受惊吓或被逼迫时亦会分泌具恶臭之气味以驱敌。

红腹锦鸡

Chrysolophus pictus

鸡形目雉科锦鸡属

雄鸟头部黄色，上体除上背浓绿色外，其余为金黄色。体长可达1米左右。雌鸟头顶和后颈黑褐色，其余体羽棕黄色，有黑褐色斑点。作为植食性鸟类，主要取食蕨类植物、豆科植物、草籽，亦取食小麦、大麦等作物的叶子。红腹锦鸡雄鸡在中国神话中也被视为凤凰的原型。

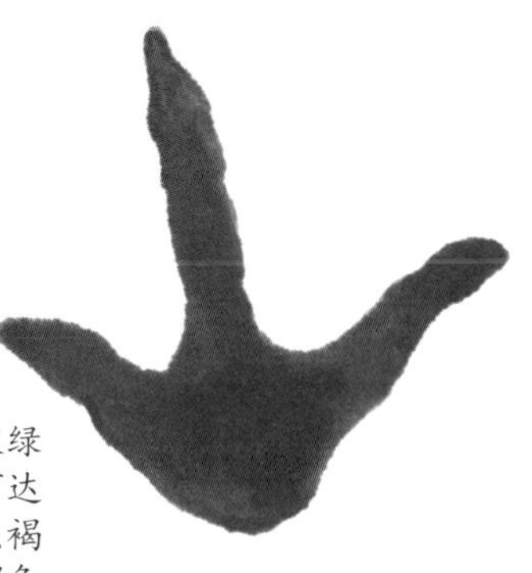

小河边的农耕智慧

你可真棒，在小车河边走了那么久！

你是不是好奇，小车河那么美，动植物那么丰富，怎么没有人住在这里？

阿哈村寨的布依族村民曾经就在这里世代繁衍、耕耘。为保护湿地，他们搬离这里，把湿地留给自然、留给动植物们。

事实上，小车河的“车”，指的正是当年河流中的众多水车。水车，就是那根“魔法棒”。水的流势有力量，咕噜咕噜，水车辐条转起来了；河流装满了水斗，咕噜咕噜，水斗升上去了；水斗升到顶上，像倒水一样，哗啦哗啦，把河水倒出来了。河流经过渡槽，涓涓细流，汇入梯田里。

让我们观察一下那些河边留下来的水车、石磨。这些就是布依族当年的生活记忆。

奇妙的耕种方式

那一层层绿油油的湿地是什么？

是水稻梯田！梯田，是在丘陵山坡地上沿等高线方向修筑的条状阶台式或波浪式断面的田地。它是一种人工湿地的特殊存在形式，对蓄水、保土、增产有着十分显著的作用。因地制宜的梯田湿地虽然是人工湿地风景，但它能随着季节的变化展现不同的风光，成为具有欣赏价值的大地艺术景观。

这里曾是布依族人在崎岖的喀斯特山区上耕种作物的场地。他们利用原生湿地，将水稻种植在自然湿地的浅水洪泛区。

自然力量与农耕智慧，还在湿地延续……

水稻田里还有什么?

除了水稻，水稻田里还有鱼和鸭。智慧的农人们根据稻、鱼、鸭不同的成长时间，将它们合理地整合进了“稻鱼鸭共生系统”：稻田为鱼和鸭提供了食物和生存环境，鱼、鸭通过捕食昆虫而减少水稻的病虫害，鱼粪和鸭粪肥田促进水稻生长，最终形成一个高效的农业系统。

互动游戏：神奇的动物在哪里？

动物们都能在这喀斯特森林里找到属于自己的位置。每一位都是这里不可缺少的“居民”。地上，洞里，树上，天上，看不见的轨迹太多了……

大鹰鹃

Hierococcyx sparverioides

杜鹃科鹰鹃属

大鹰鹃俗名子规。外形似鸽，羽色与雀鹰略似，但嘴尖端无利钩，脚细弱而无锐爪。一般栖息于山林、山旁平原中。冬天常到平原地带和树上活动。常单独活动，以昆虫为食。经常鸣叫，鸣声清脆且洪亮。

大鹰鹃一般栖息于

（ ________ ）

王锦蛇

Elaphe carinata

游蛇科锦蛇属

王锦蛇个体较大，行动敏捷，分布于海拔300～2220米的平原地区、山地、丘陵的杂草荒地中。善于上树，无毒，主食鸟蛋、鼠类和其他蛇类，是无毒蛇中攻击性较强的种类。王锦蛇遇到惊吓时会从肛腺分泌出带有臭味的液体来吓跑敌人，因此也被俗称为臭青母（臭青公）。

王锦蛇一般栖息于

（ ________ ）

广斧螳

Hierodula patellifera

螳科斧螳属

广斧螳一般生活在灌木丛、草丛等环境中。其身体细长，灵活转动的头部呈三角形，有巨大的复眼。它们在受到威胁时会高举前足，宛如举起一把大刀。多数螳螂为伏击型掠食者，部分种类则会主动追击猎物。一般情况下，螳螂只取食活着的猎物，从比自己体型小的同类到小型脊椎动物都是它们乐于享用的美味。

广斧螳一般生活在

（ ________ ）

猕猴

Macaca mulatta

猴科猕猴属

猕猴主要生活在常绿阔叶林被破坏后的次生林，以及江河两岸悬崖陡峭的密林和岩山疏林地带。前肢灵活，适合抓握树枝。头部棕色，面部为肉色，背部棕灰色或棕黄色。它们喜欢集群生活，以树叶、嫩枝、野菜等为主要食物来源，也吃小鸟、鸟蛋、各种昆虫等作为蛋白质补充。

猕猴主要生活在

（ ________ ）

褐家鼠广泛栖息于
（__________）

褐家鼠

Rattus norvegicus
鼠科大鼠属

褐家鼠，俗称耗子，身体小而呈锥形，广泛栖息于田野、家舍。其最典型的特征是终生生长的发达门齿。以植物为主食，有的也为杂食性。老鼠种类多且数量惊人，是狐狸、黄鼠狼、老鹰等动物的捕食对象。

树麻雀

Passer montanus
雀科麻雀属

树麻雀是湿地与城市中的常见鸟类。其体形短圆，头顶、后颈为栗色，面部白色，双颊中央有一块黑点，雄雌同形同色。其个性活泼，喜食谷，在特殊时期被视为“害鸟”。不过，它们似乎并不畏人，哪里有人，哪里就有树麻雀。

树麻雀常见于
（__________）

蜻蜓

Anax parthenope
蜓科伟蜓属

碧伟蜓常在湖泊、池塘、溪流或湿地附近活动。蜻蜓有一对巨大的复眼，翅膀修长透明，体长约8厘米。停止时，翅膀为平放。一般捕食蚊子、摇蚊和其他小昆虫。常雌雄成群，在水边飞行。它们的卵可产于各种环境中，如水中、水草上、树枝上。

碧伟蜓常在
（__________）活动

神秘的喀斯特溶洞湿地

在阿哈湖国家湿地公园的地底下，
有一条躲起来的小车河在洞中流淌。

地面上、岩壁上、钟乳石上，
到处都淌着水珠，水汽紧紧包裹着溶洞。

在阿哈湖国家湿地公园，还有很多我们看不到的汩汩河流。阿哈湖所在的贵州，是世界上地下河最多的地区之一。地底下，类型多样的地下河正在涌动。

你可能会问：河流难道不应该是在地面上的吗？那就不妨让我们再次重温一下“喀斯特地貌”这个关键词吧。就是因为喀斯特地貌，才有了这么神奇的现象！

不过，在喀斯特地貌中，喀斯特溶洞湿地、地下暗河到底是如何形成的呢？

让我们了解一下这场有关水与可溶性岩石的时间之舞：在漫长的地质演化过程中，喀斯特地貌中碳酸盐岩广泛分布，这类地层结构相对疏松，透水性强，使得部分地表水转入地下——地表水循着裂隙进行着溶蚀，裂隙逐渐扩大。喀斯特地区的地表河流和地下河流相互转化，就像一条条联动地上地下的管道。渐渐地，大小不同的独立溶蚀洞穴开始逐渐合并，形成一个更为完整的地下水面系统。最终，喀斯特溶洞湿地形成了。

没错，黑暗的水溶洞也是一种湿地类型。

你可能还会好奇，寂静的溶洞，似乎一年到头照不到太阳，里面是不是没有生命存在？事实恰恰相反。庞大的地下暗河系统，保证了溶洞与外部世界的物质交流与循环，为许多溶洞生物提供了栖息地，确保了生物多样性。这个黑暗世界里，居住着独特的洞穴生物。它们在这个缺少光照、潮湿，乃至食物相对稀少的环境中，展开了生物演化的戏剧。

经过了很长时间的开放之后，目前，白龙洞正处于生态自然恢复和保育阶段，暂时关闭。这是因为在长期的外力作用下，白龙洞溶洞的温度和湿度虽然一直保持稳定状态，但是过多的游客进入所呼出的大量二氧化碳却使溶洞内温度升高、湿度降低。另外，游客进洞有时也难免带入尘埃、各种生物微粒、衣物纤维等污染物。再加上喀斯特地貌独特的渗漏结构，使生活和生产污水极容易直接下渗到溶洞里。这些微气候的变化，均会打破白龙洞溶洞原有的生态平衡，使溶洞中晶莹雪白的钟乳石可能发霉变黑，更严重的是，会导致钟乳石停止生长，甚至发生再溶蚀现象。要知道，它们100年才能长出1厘米左右。因此，保护溶洞刻不容缓。

溶洞景观资源具有极高的美学观赏价值和科研价值，它也是一种不可再生资源，一旦损坏就不可再生，所以溶洞的生态保护是重中之重。未来，恢复生态的白龙洞将成为湿地公园开展自然教育的场所之一，让孩子们更懂得珍视脆弱的溶洞世界，理解它们的独特性是不可替代的。

南郊一条“龙”

白龙洞是众多溶洞中一座神秘的地下宫殿。洞中到底是什么样子的？

呀，洞中黑乎乎的，我的眼睛需要适应一下！

好奇幻！这个洞，蜿蜒曲折，头大尾小，得名“白龙洞”。

黑暗中你感受到湿地的气息了吗？

放眼望去，洞顶自上方悬垂下形态各异、或长或短的柱子。它们是什么，为什么会挂在这里？

这就是白龙洞里的“宝物”之一：钟乳石。钟乳石是溶洞中流水创造的景观，它们始于一滴含有矿物的水滴。含有丰富的的碳酸氢钙的地下水，由溶洞顶部渗漏下来时，由于水分蒸发、二氧化碳逸出，生成的碳酸钙沉积在洞顶、洞壁和洞底等部位，形成各种形态的钟乳石。钟乳石可以说是“时光里的老顽童”了——缓慢而有趣的“长者”。那么，它的生长速度到底有多慢？想想看，人的一根头发丝直径在0.04～0.05毫米，而钟乳石每年平均才生长0.13毫米，就知道钟乳石形成之不易，所耗时间之长了！

公园职工说

二十世纪六十年代，一次战备施工中，偶然发现了这个溶洞，引起全市轰动。

白龙洞长587米、宽3米、高5～10米。许多贵阳市民不惜步行一小时路程来到地处郊区的南郊公园，一睹白龙洞的真容。白龙洞开发成地下公园后，进洞可就不再那么惊险了。

十几岁时，我第一次进洞的情景还历历在目！我也是最早进入白龙洞的“探险者”。那已经是50多年前的事情啦！我们从溶洞的天坑口搭了一把梯子，顺着梯子下到未知世界，眼前是一片雪白的地宫，好像惊醒了静卧千万年的白龙啊……

——贵阳苗圃所退休职工金星老师

黑暗里的穴居客

“洞穴”里黑黢黢，住在这里的动物不害怕吗？

它们不害怕！这个地方让它们避免了很多天敌。

溶洞里的一些动物会有一系列奇妙的特征。在黑暗的洞穴中，生物无需通过颜色伪装自己，无需用眼睛来观察周围环境，因此体表颜色单一、视力差是它们的共同特征。

溶洞内几乎没有阳光，高等植物难以生存，而缺少了能够进行“光合作用”的生产者，洞内有机物的供应稀缺。这时，溶洞中重要的居民蝙蝠就扮演起重要的角色。它们饱餐之后，每天回到洞中源源不断地排出粪便，使之成为其他动物甚至蘑菇等其它真菌的营养源。

除了蝙蝠，生活在溶洞内的白腰雨燕、鼠类、灰林鸮、紫啸鸫等动物的粪便也是很多无脊椎动物的食物。原生生物、小型动物（马陆、蚤类、异翅类等）以真菌为食，孑孓（蚊子的幼虫）、水生贝类取食水中的蝙蝠粪，蜘蛛、鱼类和两栖类再捕食这些动物……循环往复，形成一个奇妙特殊的溶洞动物群落或生态系统。

不过，科学家们也发现，它们对于光照的需求还是各有不同的。在光线较强的地方，生活着我们平日里较为常见的沼蛙、紫啸鸫。真正“神秘”的是那些对光照的需求极低的动物——它们对光的需求，就像沙漠中骆驼与水的关系那样，显示了进化后强大的适应能力。在弱光带区域，蝙蝠、白腰雨燕、红点齿蟾……从容地生活。而在黑暗带，马陆、蚰蜒、盲布甲、盲虾、盲鱼、盲眼穴居蟹等早养成了习惯黑暗的天性。

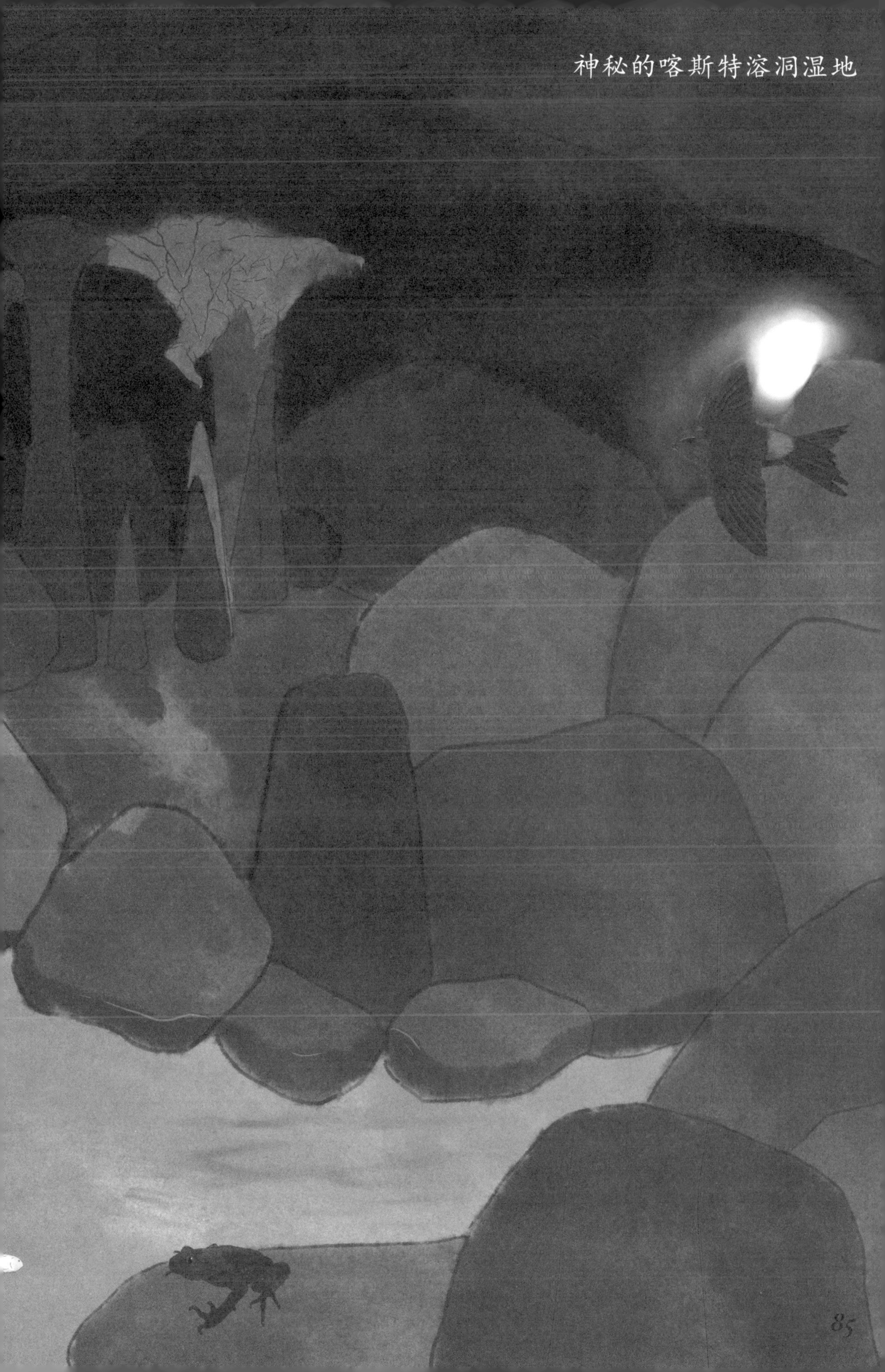

中华菊头蝠

Rhinolophus sinicus
菊头蝠科菊头蝠属

由于常年生活在溶洞中，视力退化，却拥有了超强的声波定位能力，进化出独特的夜行习性。

石幔

渗流水中碳酸钙沿溶洞壁或倾斜的洞顶向下沉淀，形成层状堆积的流石。

蚰蜒

Scutigera coleoptrata
蚰蜒科蚰蜒属

溶洞中常见的多足类节肢动物，蝙蝠粪和雨燕粪是它们主要的食物。

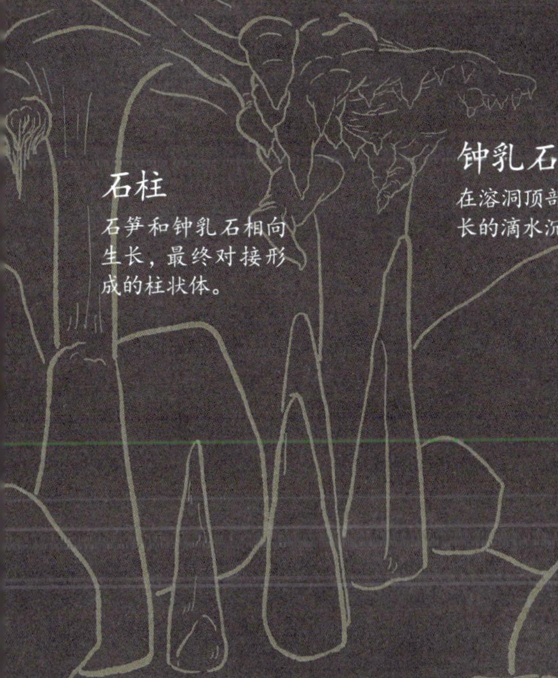

白腰雨燕

Apus affinis

雨燕科雨燕属

白腰雨燕的“叽叽叽”声，最容易打破溶洞的寂静了。它们腿脚弱小，通常需要借助崖壁的地形才能起飞。筑在岩洞和陡峭的山坡崖壁上的巢，就是昂贵的“燕窝”。

石柱

石笋和钟乳石相向生长，最终对接形成的柱状体。

钟乳石

在溶洞顶部从上往下生长的滴水沉积物。

石笋

与钟乳石相对应，在溶洞底板从下往上生长的滴石沉积物。

尊重野生动物的生活

中药中，蝙蝠粪便被叫做“夜明砂”，是清热明目的药材。有人会在喀斯特溶洞中搜寻蝠粪，然后制作药材或作为堆肥。殊不知，溶洞中脆弱的生态系统缺少了这些养料将会面临“饥荒”，更可怕的是导致溶洞生态系统全盘瓦解。

2003年，中国爆发了非典型性肺炎疫情（简称“非典”）。科学家追溯这场疫情的源头发现与蝙蝠有着千丝万缕的复杂关系。为何深居简出的蝙蝠会成为病毒的传播者？肇因依然是人类肆意破坏野生动物的生活环境，甚至滥食野生动物的恶习。病毒，或许在人类社会发展中不可避免，但尊重自然世界的规律，尊重野生动物的生活，也许才能最大程度地减少类似灾难的发生。

红点齿蟾

Oreolalax rhodostigmatus

锄足蟾科齿蟾属

红点齿蟾幼体是透明的蝌蚪。因洞内无光，其幼体演化出透明的皮肤，内部器官清晰可见。

溶洞的天窗

这“天窗”是喀斯特地貌中的天坑。天坑，究竟是怎么形成的？

它是流水和岩石长期作用的杰作：地下河强烈的溶蚀侵蚀作用导致岩层不断崩塌并达到地表，随着地壳上升，河流下切，形成地下洞穴。随后洞穴顶部不断塌陷，形成地下大厅，再继续坍塌，连地面也塌陷了，就形成了天坑。与“暗无天日”的溶洞相比，天坑光线强烈，氧气充足，草木茂盛，鸟叫虫鸣，是喀斯特溶洞与外界连接的桥梁之一。

光线充足而温暖的天坑适合植物的生长，绿意盎然，生机勃勃。以白龙洞的天坑为例，这方小小天地生长了从乔木、灌木、藤本到苔藓各种植物，你看，岩石缝中长出了女贞、蔷薇、漆树、构树、烟管荚蒾等小型乔木或灌木，紫藤、爬山虎和五叶地锦攀附其间，形成了与溶洞内部完全不同的生机景象。

走着走着，我们适应了黑乎乎的洞穴了。
走着走着，黑暗开始逐渐消退。
哗！从天而降的光线让人豁然开朗，这里有一扇“天窗”！

葫芦藓

Funaria hygrometrica
葫芦藓科葫芦藓属

葫芦藓非常形象，它们有小葫芦般的孢子囊。孢子囊在功能上和有花植物的果实类似，是用来繁衍生息，抢占新地盘的。

天坑“居民”——苔藓

阳光和水分充足的天坑崖壁，是苔藓植被群落快速生长的地带。

在这片喀斯特湿地上生长的地衣和苔藓虽然细小，却拥有极其强悍的生命力。事实上，不仅在天坑，在阿哈湖国家湿地公园内漫步时，我们经常可以看到地表、岩石、树干等湿润之处生长着各种各样的苔藓，别看它们不起眼，却是经过千万年漫长时光的考验存活下来的古老生命。

苔藓有多老？它们从四亿多年来的物种进化历程中存活下来，拥有顽强的生命力和对环境的适应能力。它们是氧气的制造者，在大地还是一片荒芜时，率先在地球上蔓延，成为地球首个稳定的氧气来源，源源不断地制造氧气，为动植物的生存建立基础。

它们有助于将贫瘠的岩石转化成适合植物生长的土壤，是植物界的“开路先锋”。更重要的是，它们聚集生长所形成的草垫结构能紧紧拥锁住地表的水分，在水土流失的防治中彰显实力。

裸萼凤尾藓

Fissidens gymnogynus
凤尾藓科凤尾藓属

裸萼凤尾藓主要生长于树干或林中石上或土上，黄绿色至带褐色。它有一个形似凤尾的结构。

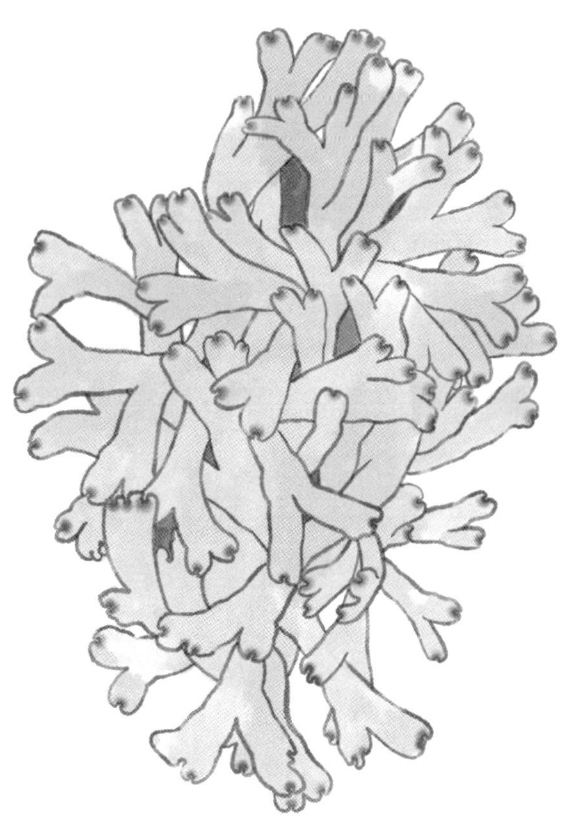

单月苔

Monosolenium tenerum
单月苔科单月苔属

单月苔是潮湿生境中常见的苔类，常大片生长，绿色或深绿色。雌雄同株。背面可见褐色油细胞，肉眼可见，宛若星星点缀在空中。

卷叶湿地藓

Hyophila involuta
丛藓科湿地藓属

卷叶湿地藓常生于人为干扰的生境，耐干旱或喜潮湿。植物体小，密集或稀疏丛生，绿色至黄绿色。叶干时卷曲，湿时伸展，长椭圆状舌形。

互动游戏：苔藓植物大不同

远看这些成群生长的苔藓像极了绿毯。只有当你俯下身来，靠近观察时才会发现苔藓的微型世界多彩斑斓。它们的形态、结构，乃至气味和生长方式全然不同，奇趣盎然。让我们试着按数字大小连线，看看苔藓的不同形态。

苔藓一

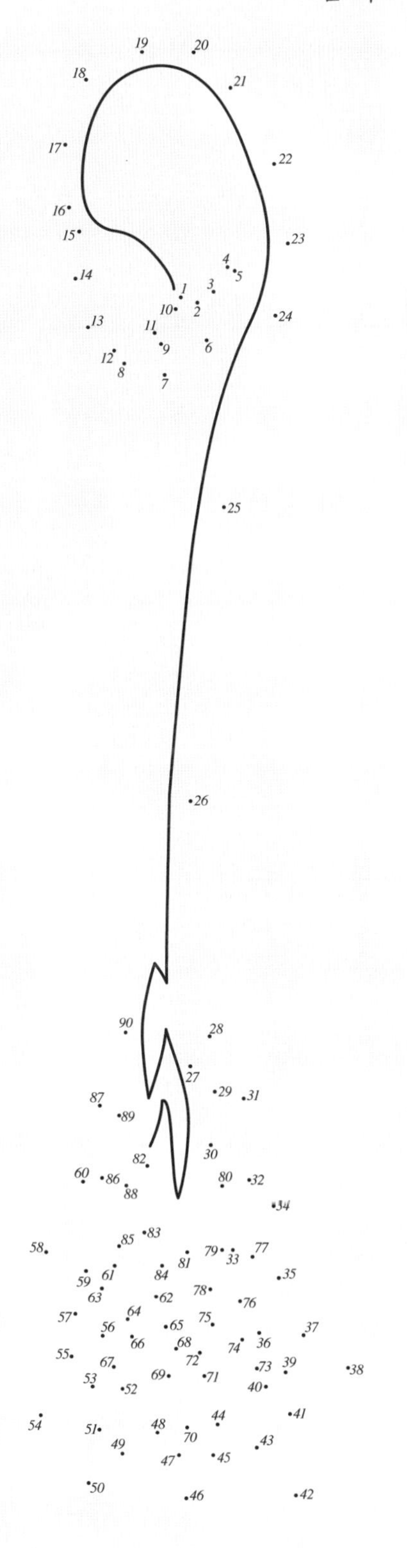

苔藓二

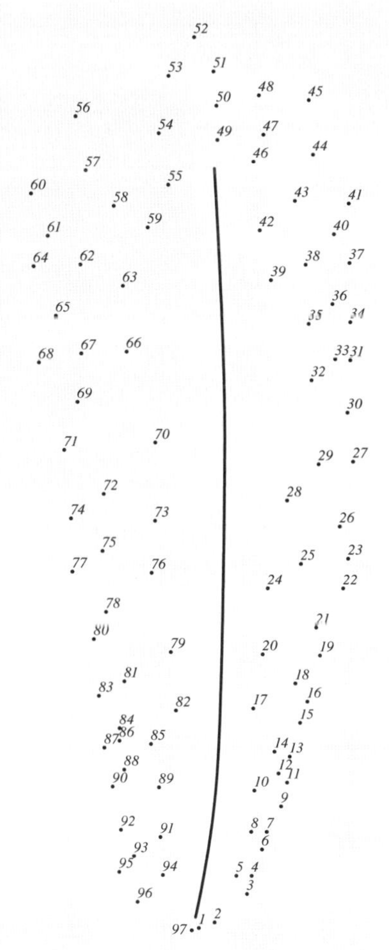

阿哈水库的神力

你已经来到了湿地的最上游！

在森林之间，
五条河流从南、北、西三面而来，
汇聚出形如鸡爪的阿哈水库。

如果我们从空中俯视会发现，金钟河、白岩河、游鱼河、蔡冲河和烂泥沟河从南、北、西方向各自迤逦而来，穿过森林，最终投入阿哈水库的怀抱。

阿哈水库，也是贵阳上百万市民饮用水来源的“三大水缸”之龙头水库，更成为了阿哈湖国家湿地公园最为重要的湿地资源类型——人工库塘湿地。

这个喀斯特地貌上异常珍贵的湿地资源，凝聚了贵阳人的智慧和心血，更以其独特的湿地景观和生物多样性发挥着巨大的生态功能和价值。

让我们一起领略阿哈水库，这座独特的库塘湿地世界。

那里有一种地上喀斯特景观“峰丛”。和小车河两岸山地一样，峰丛是地表崎岖、岩石遍布的喀斯特地貌。峰丛上下，无论是捍卫水库的“绿色屏障”（即山地森林植被）、奇妙的水库消落带，还是水下世界的生物，都是峰丛岛屿生态多样性的集中体现。

人工库塘湿地还具有一种独特性：水库的蓄水、放水和季节性的降雨，形成库区水位的周期性涨落。这种高低变化形成了消落带。峰丛岛屿与水库水面接触部分会形成较小型的消落带，这里就成为两栖动物和爬行动物如花臭蛙、棘腹蛙、乌龟等的栖息场所。

库区大型的消落带有助于吸引水鸟栖息停留。在这里，有时可以看到极为壮观的群鸟栖息场景。同时，消落带植物紧紧抓住土壤的根系，防止水土流失。这些水生植物同时也有减少水库水体污染的积极作用。

在看不见的水下，生活着丰富的生物，如鱼类（鲢鱼、鳙鱼等）、虾、贝、蛙类等。更重要的是，这里还隐藏着一段少数民族的历史记忆。阿哈水库就是用于纪念为建造水库而淹没于库底的布依族阿哈山寨（“阿哈”在布依语中意为幸福）——相传早在明代之前，大将山的西南脚向阳处，有一座方圆几十里（1里=500米）唯一的聚落村寨，布依族人居住在这座聚落村寨的土墙茅屋里。

阿哈水库对于阿哈湖国家湿地公园乃至整个贵阳都具有非比寻常的意义：每年汛期，它拦截上游迅猛的来水，缓解贵阳城区的防洪压力，守护着贵阳的城市安全；另一方面，这里水质常年保持在三类，计划2020年达到二类。作为贵阳重要的饮用水源地，阿哈水库主要供给阿哈湖国家湿地公园东侧的南郊水厂，日均供水量12.5万立方米，高峰时日供水量25万立方米。按人均日供水量120升来算的话，可供近200万贵阳人用水。

几乎覆盖了整个阿哈湖国家湿地公园的阿哈水库，就是阿哈湖的“湿地之心”。

贵阳“大水缸”——阿哈水库

阿哈水库，贵阳市区最重要的水源地之一。

这个“大水缸”，就在贵阳千家万户的头顶上！从鸟瞰的视角看，大坝碧波万顷，万千涓涓细流输送到城市，哺育着每一位贵阳人。鸟类在此出没，森林在此生长，气候受它调节……水库，不仅仅是个蓄水池，更是生命力旺盛的人工湿地。

阿哈水库是怎么来的？能想象吗，它是靠人力完成的奇迹。

1958年，阿哈水库建设面临工期短，缺少专业劳动力少和财政拨款，缺乏挖掘机、推土机、拖拉机等施工机械等困难。在极少的施工专业人员的指导下，大量义务劳动者就地取材，使用红黏土和碎石完成了大坝的修建。义务劳动者主要是贵阳市的工人、学生、市民，以及省（市）机关、厂矿、学校的干部等。人们拿着铁锹、锄头、铁镐，用畚箕、扁担、抬棒、箩筐、鸡公车运走挖出来的土方，举无数人力，场面浩大。从清基到第一期工程结束，仅用不到2年时间完成了这个壮举。

阿哈水库
坝长133米，
总库容7920万立方米，
日供水量
最高可达25万立方米。

阿
哈
水
库

坝中峰丛

这钻出湖面的是岛还是山?

它们的真名是峰丛或峰林，是一种独特的地上喀斯特景观，是可溶性岩石受到强烈溶蚀、侵蚀后形成的石峰集合体。水库蓄水时，露于地表的石峰大部分被水淹没，只剩下一座座“尖尖角”。

与小车河两岸一样，能在峰丛生长的，主要是对土壤肥力要求不高的植物，如西域旌节花、盐肤木、金佛山荚蒾、滇鼠刺，伴生着樟、光皮桦、鹅耳枥、化香树等。阿哈水库周边林深树茂——这种情况在世界同纬度的喀斯特地区较为罕见，而西南地区的喀斯特地貌有着稳定的森林生态系统，使得这一奇妙景观诞生在中国。这些森林在涵养水源、保持水土方面起到重要作用，被誉为“隐形水库”。它们共同组成捍卫水库的绿色屏障，也给水库里的动物提供了生活的家园。

在水库大坝上远眺，
一座座青翠小岛钻出水面，
如倒立的圆锥，如玲珑的塔，
如起伏的笔架。

神奇的消落带

好壮观！各种鸟类正在水库上游由少数浅滩形成的消落带上觅食，这里的食物相当丰富。什么是消落带？消落带是一片土地。水，是这片土地的主宰。

水库的蓄水、放水和季节性的降雨，会导致库区水位的高低变化从而形成消落带。消落带上的土地被周期性淹没或露出，与天然河流的涨落季节刚好相反。阿哈水库的消落带高差最大可达8米。

消落带对于水库而言十分重要。作为陆地生态系统和水域生态系统之间的过渡区域，它是陆地集水区的泥沙、有机物、化肥和农药等进入水域前的最后一道生态屏障。这个功劳，主要归功于水涨水落而无惧水淹、水旱的消落带植被。

水蓼、狗牙根等都具有耐旱、耐水的特性，它们的根系紧紧抓住土壤，有助于防止水土流失以及拦截、吸附、削减地表径流污染，从而减少水库水体污染，起到了过滤器的作用。其大多拥有挺直的茎，为水下的根输送氧气，而柳树这类乔木的根在水边也能自由呼吸。

水鸟天堂

沿着河流一路飞翔的鸟类，是峰丛和水库最主要的“居民”。这里的鸟类形貌各异、多种多样，各自发挥“特长”，生活在它们适应的生境中。

鸣禽喜欢在峰丛植被茂盛的森林间活动、捕食。

涉禽蹬着大长腿，喜欢出没在水库及水岸边，寻找心仪的食物。

游禽则极擅长游泳，用好水性满足自己的好胃口。

在秋冬季节，水库水位降低，滨水的滩涂大片成为鸟类尤其是水鸟的栖息地。其中以鸻鹬类等涉禽为主，还有苍鹭、池鹭、白鹭、栗苇鳽、白胸苦恶鸟、黑水鸡等。

鸣禽

鸣叫器官发达的鸟类，善于鸣叫，巧于营巢。

棕背伯劳

Lanius schach

伯劳科伯劳属

黑色的贯眼纹和额是棕背伯劳的标志，好像带着佐罗的眼罩。

白鹭

Egretta garzetta
鹭科白鹭属

白鹭身披纯白的羽衣，看上去仙气十足，喙和腿细长呈黑色，只有眼周和脚掌呈淡淡的黄绿色。颈部呈明显的“S”形。繁殖期，其颈背长出2～3根细长的装饰羽。

涉禽

外形具有喙长、颈长、后肢长的“三长”特征，擅长涉水生活。

鸟类专家谈阿哈湖的候鸟迁徙

阿哈湖不处在候鸟的主要迁徙通道上，但阿哈湖的候鸟还是挺多的。夏天，大杜鹃、鹰鹃、燕子等纷纷赶来筑巢、生宝宝；冬天，骨顶鸡、北红尾鸲、白眼潜鸭、赤膀鸭等按时回来过冬。年复一年，从来没有停止过。2010年，有2只小天鹅曾到阿哈湖来做客，虽然只是短暂停留，但它们的到来，却给大家留下了深刻的印象，也给贵阳市的鸟类家族增加了一个重要的成员。

——吴忠荣 贵阳市生态文明建设委员会

游禽

脚趾间具蹼，擅长游泳和潜水；嘴型扁或尖，擅长在水中滤食或啄鱼。

普通鸬鹚

Phalacrocorax carbo
鸬鹚科鸬鹚属

普通鸬鹚被民间称作“鱼鹰”“水老鸦”。体羽为金属黑色，善潜水捕鱼，飞行时直线前进。中国南方多饲养来帮助捕鱼。

小䴙䴘

Tachybaptus ruficollis
䴙䴘科小䴙䴘属

小䴙䴘是一种体形较小的水鸟。身上有“三短”：尾短（尾羽几乎退化）、翅短、腿短。体形近乎椭圆形，羽毛蓬松、毛茸茸的。有人形象地昵称其为“水葫芦”。

黑水鸡

Gallinula chloropus
秧鸡科黑水鸡属

黑水鸡为中型涉禽，兼具游禽的一些特征。额甲呈鲜红色，嘴端是淡黄绿色。黑水鸡的游泳本领很厉害，能潜入水中较长时间和潜行达10米以上。

鸳鸯

Aix galericulata
鸭科鸳鸯属

鸳鸯是民间最喜闻乐见的鸟类之一。雄性鸳鸯色彩极为艳丽，喙为少见的鲜红色，额部和头顶中央为带有金属光泽的蓝绿色，最具有特色的是最后一枚三级飞羽特化，形成面积很大且竖立于背部的帆状结构，呈现耀眼的栗黄色。雌性鸳鸯通体颜色为暗灰色，辨识特征为鲜明的白色贯眼纹，喙黑色。

互动游戏：趣味鸟类特征

鸟类各有不同，请观察它们的嘴巴、腿部、颈部，发现彼此之间有哪些差别。

从鸟类的影子（黄色部分）和底下的知识小提示中，你能猜出它们是谁吗？

试着连线鸟类的局部特写图像与它们的黄色身影，进一步加深对它们的印象！

白鹭的身体

细长的喙是捕食利器，颈部呈明显的“S”形，可自由伸缩。修长的腿是涉禽的优势，适合在浅海滩涂行走。

脚上有蹼，形似长圆形的树叶，这是谁的脚？

谁的颈部伸缩自如呈“S”形？

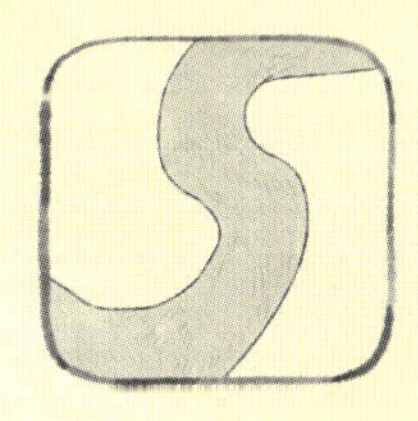

棕背伯劳的嘴巴

伯劳体型虽小，却是雀类中最凶悍的一个类群。它们如此勇猛，是因为伯劳科特有的强壮鸟喙，其在结构上极似飞鸟猛禽的喙，这是它们打肉搏战的重要武器。

嘴巴弯如钩，这是哪种鸟的嘴巴？

谁的腿这么修长？

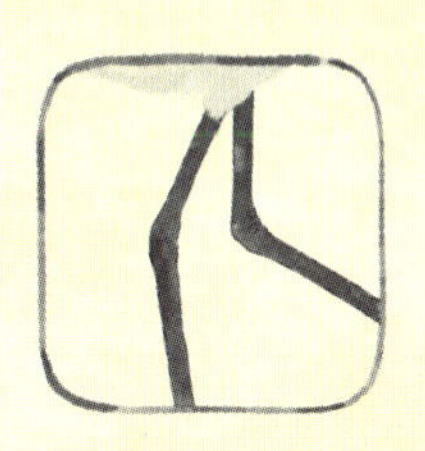

小的脚丫

小䴙䴘脚丫在水下摆动，不轻易显露，但十分有特色！它们的脚名为“瓣蹼足”，趾上有蹼，却不像鸭子的脚蹼那样连在一起；脚蹼的形状有如长圆形的树叶，各自独立。

谁的喙这么细长？

湿地与城市相伴

阿哈湖，
让每个日子都快乐、甘甜。

我们与它的距离，近在咫尺。
水，是我们和阿哈水库最直接的联系。

当你在绿水清波的小车河边散步，看到成群的鸟儿掠过河面，鱼儿在河中遨游；当你打开水龙头就有源源不断的水流出，供你饮用、洗漱、灌溉时，请记得，阿哈湖、小车河离我们并不远，它们真实地参与我们的日常生活。

阿哈水库水源地广阔，自南、北、西三面共有五条河流汇入水库。还有一些在地图上显得十分不起眼的河流经过多次汇合，最终也汇入水库。溯源阿哈水库每一条入库河流时，你会发现，尽管一层层的森林包裹住阿哈湖形成了水库的天然屏障，但是，不同的入库河流所处的流域依然分布着不同的工业、农业生产活动。这意味着阿哈水库及湿地公园的水质、生态环境与上游支流息息相关。恰恰是人类自身的行为，直接影响着自身的饮用水源安全。这些生产活动所产生的废水和污水，如果通过河流进入阿哈水库，将直接威胁到贵阳的用水安全。

因此，保护全流域的每一寸水源地，就是保护阿哈湖，保护水库，以及保护我们自身。

近年来，我们可以愈加感受到这种城市发展与自然生态之间的冲突。这绝不仅仅是某个公园、某个自然生境所独有的问题，而是普遍性的问题。现在，阿哈湖国家湿地公园在水系保护、水质保护、栖息地保护等方面开展了一系列行动。此外，越来越多的民间环保组织以及关心河流的普通人也加入到了认识身边的河流与保护城市的湿地和水源地的公益行动中。

除了喜爱、记录阿哈湖或身边的自然，身体力行保护水源之外，在日常生活中，我们也许还可以做一些力所能及的事情：比如，节约用水，或是把垃圾放在对的地方，不污染水源等。

城市“入侵”湿地

六十多年前，阿哈湖就像一颗自然种子，长成了如今的参天大树。

今天，城市发展得越来越快，伴随着阿哈湖一块生长的还有工厂、楼房、道路、铁轨……查看历年的阿哈湖流域遥感影像，城市建设对阿哈湖形成包围之势。阿哈湖就像一座绿色孤岛，孤悬在城市的西南边。

在小车河入库河流所在的不同流域，人类的活动干扰影响着自然环境。小车河上游的几家煤矿开采时，往河里投放石灰，用于中和酸性矿坑废水，导致排入河流的石灰渣等污染物进入阿哈水库，产生“小白河”现象。为了保护阿哈湖、阿哈水库免遭污染，当地政府对其上游的煤矿进行了搬迁或关闭。

城市不知不觉地张开双臂，
阿哈湖被石头森林紧紧“拥抱”。

虽然，“小白河”现象得到根治，但这种现象警示着我们，只有确保全流域每个角落的生态安全，才能保障阿哈水库水生态的安全。

除此之外，我们还可以为它做点什么呢？

爱在小湿地

当我们一路漫游小车河，探索喀斯特溶洞湿地时，早已明白湿地是富有生命力的。保护森林，保护树木，保护水库，保护河流，意味着保护我们每一口的饮用水安全、洁净。

目前，阿哈湖国家湿地公园和科学工作者在水系保护、水质保护、栖息地保护等方面开展了以下的一系列行动。

入库支流湿地恢复：在入库河流段设置多级生态拦截坝，减缓水流以沉淀污染物；在坝内种植挺水植物、沉水植物、浮水植物、漂浮植物，两岸种植草本植物；在入库口修建人工湿地，进一步净化入库水质。

水库底泥生态疏浚：通过清淤工作清理水库底泥长时期积累的重金属沉积，降低底泥对水中生物的环境胁迫，为水生生态系统的恢复创造条件。

水禽栖息地营造：在滩涂沼泽地、水库沿岸、水库岛屿等区域营造雁鸭类、鹭类、鹬类等水禽的觅食和栖息地。

水生植物多样性恢复：通过挺水植物、沉水植物等种植，完善湿地生态系统结构和生态链，提高水体的自净能力。

让我们从阿哈湖这个家门口的湿地开始珍惜每滴水，与“唯一的地球”紧紧相连。

人类与水共生

湿地探索之旅就要结束了。

当我们回望这千里迢迢而来的河流汇成万顷湖水，近观小车河这个丰富的宝藏，一场漫游能够让我们把抽象而宏大的水、土地、湿地、生态等概念拉到极其亲近的视角。同时，借助着这些具体而微小的细节，我们再一次领会了全流域水源的安全对于哺育一座繁华城市的重要意义。

我们相信，真实湿地景观是一个最好的教育场所。它诉说的不仅仅是自然，而是给予每个人以机会，一个重新理解人在万物尺度中的位置的机会——自然、湿地正以什么逻辑运转？它们与人类有着什么样的关系？多样化的生境与我们当下生活之间的关联，需要被我们再一次重新温习。

阿哈湖国家湿地公园，提供给我们换一个角度思考问题的好场所。

从土地的视角，思考地质演变过程中，喀斯特地貌下的湿地与贵州的关系。

从湿地的视角，理解阿哈湖多元的湿地类型与动植物进化之间的互动故事。

从生物的视角，感受植被、水生生物和陆生生物彼此关联而差异的生活史。

从生态的视角，领悟人水共生事关每个人，事关城市与自然的和谐发展。

这是一种交叉的视角，打破了我们已有的刻板印象。

因为自然未必只是“大山大水”的美景，它可能是平凡的、朴素的、日常的。但自然将谜底隐藏在背后：在阿哈湖国家湿地公园，当你明白“喀斯特”地貌与小车河两岸的森林山地、地下黑暗的白龙洞喀斯特溶洞湿地，以及阿哈水库湿地之间的关联，你就会渐渐理解“喀斯特”三个字充满了力量，因为它能够调动山地植被、蕨类、苔藓、藤蔓都为之盘根错节，努力留存住珍贵的“水”。

在未来，这样的综合型认知一定会被更多的人所需要。这类近城市的国家湿地公园，将会超越城市绿地、城市花园、健身步道这类简单的功能性概念，成为真正包罗地方历史、地质变化、生物多样性以及文化等多种综合认知的场所。那样，即便我们身处于一个熟悉的地方，也可能进入到了“看山不是山，看水不是水”的境界。

相信，当你离开这个公园的时候，这恰恰不是一个结束，而是一个新的开始。

互动游戏1：你遇到的第一只（群）鸟

这可能是人生中观察到的第一只（群）鸟，请记下这个难忘的时刻。未来，当你再次探访阿哈湖国家湿地公园时，可以提前复印好这张“卡片”，填写下新的发现。希望你持续地记录，最终形成一套个性化的“调查报告”。

__________月 __________日 __________点 __________分

数量超过一只吗？ 是 / 否

你在哪看到它（们）的？（请写出周遭的环境特征，比如，树木、河流等。）

____

你能写下它（们）的名字吗？

____

你跟它（们）的距离有多远？（请在对应选项后面的〇内画“√”。）

可触碰距离〇 很近〇 附近〇 离得较远〇

你听到鸟鸣了吗？ 是 / 否

它们的鸣叫是什么节奏的，可以用简单的中文写下来吗？（比如，啾、啾、啾。）

____

写下一句你想跟鸟说的话，表述你听/看到它（们）之后的心情。

____

互动游戏II：可爱的植物肖像

在阿哈湖国家湿地公园，回忆一下你最难忘的一片叶子、一朵花。未来，当你再次探访阿哈湖国家湿地公园时，可以提前复印好这张“卡片”，填写下新的发现。希望你持续地记录，最终形成一套个性化的“调查报告”。

此刻的季节是＿＿＿＿＿＿＿＿＿＿＿＿。

你在哪看到它们的？（请写出周遭的环境特征，比如，树木、河流等。）

＿＿＿＿＿＿＿＿＿＿＿＿＿＿＿＿＿＿＿＿＿＿＿＿＿＿＿＿＿＿

它的叶子是什么样子的？请为我们画下来。

＿＿＿＿＿＿＿＿＿＿＿＿＿＿＿＿＿＿＿＿＿＿＿＿＿＿＿＿＿＿

它的叶子摸起来感觉是怎么样的？请为我们形容一下（比如，软、硬、光滑、厚实、毛茸茸等）。

＿＿＿＿＿＿＿＿＿＿＿＿＿＿＿＿＿＿＿＿＿＿＿＿＿＿＿＿＿＿

你能写下它的名字吗？＿＿＿＿＿＿＿＿＿＿＿＿。

它开花了吗？＿＿＿＿＿＿＿＿＿＿＿＿＿＿＿＿。

花朵是什么样子的？请为我们画下来。

＿＿＿＿＿＿＿＿＿＿＿＿＿＿＿＿＿＿＿＿＿＿＿＿＿＿＿＿＿＿

去找找看是否有关于这朵花（叶）的古诗词。

＿＿＿＿＿＿＿＿＿＿＿＿＿＿＿＿＿＿＿＿＿＿＿＿＿＿＿＿＿＿

参考文献

陈治平. 喀斯特地貌理论探索. 北京: 科学出版社, 2019.
曹玲珍. 贵州蜻蜓目种类调查及区系分析. 贵州: 贵州大学, 2006.
国家林业局. 中国湿地资源·贵州卷. 北京: 中国林业出版社, 2015.
顾学玲, 顾孝银. 王锦蛇的人工养殖方法. 当代畜禽养殖业, 1999(09): 28-29.
葛德燕. 贵州螳螂资源调查、广斧螳的人工饲养及其营养组成研究. 贵州: 贵州大学, 2006.
黄必修, 方荻. 贵州农谚. 贵阳: 贵州教育出版社, 2015.
韩联宪, 杨亚非. 中国观鸟指南. 昆明: 云南教育出版社, 2004.
马志军, 陈水华. 中国海洋与湿地鸟类. 长沙: 湖南科学技术出版社, 2018.
(英) 托尼·赖斯. 发现之旅——历史上最伟大的十次自然探. 林洁盈, 译. 北京: 商务印书馆, 2011.
王尧礼. 竹园集. 贵阳: 贵州人民出版社, 2014.
物种100项目组. 物种100: 贵州智慧. 北京: 中国文史出版社, 2015.
徐新苗, 徐新建. 图说贵阳. 成都: 四川大学出版社, 2010.
(美) 伊丽莎白·劳拉. 水和湿地的秘密. 王永亭, 译. 北京: 中国青年出版社, 2015.
赵欣如. 中国鸟类图鉴. 北京: 商务印书馆, 2018.

自然笔记